智能网联汽车测试与评价技术

主 编 孙 琳 范思奇 陶 帅 杨梦婷

北京理工大学出版社
BEIJING INSTITUTE OF TECHNOLOGY PRESS

内容简介

本书采用项目式教学与任务驱动的教学模式，在智能网联汽车概论课程的基础上，基于行业相关头部企业的真实工作过程设计岗位实践环节，打造“智能网联汽车测试与评价技术”理实一体化课程。

本书设计了七个主要任务，在任务的学习中展示了真实、完整的测试与评价工作过程。七个教学项目分别是：初识智能网联汽车测试与评价、智能网联汽车场地测试仪器的使用、智能网联汽车测试场景和测试用例设计、智能网联汽车软件仿真测试、智能网联汽车智能传感器装调、智能网联汽车的整车测试、基于 C-NCAP 的智能网联汽车评价。

本书可作为高等职业院校开设“智能网联汽车技术”相关系列课程的教材，也适用于应用型本科学校师生使用，同时还可作为行业内企业对从事智能网联汽车测试与评价相关工作岗位的工程技术人员培训材料和学习参考。

图书在版编目(CIP)数据

智能网联汽车测试与评价技术 / 孙琳等主编. -- 北京：北京理工大学出版社，2023.10

ISBN 978-7-5763-2920-9

Ⅰ. ①智… Ⅱ. ①孙… Ⅲ. ①汽车-智能通信网-测试 ②汽车-智能通信网-评价 Ⅳ. ①U463.67

中国国家版本馆 CIP 数据核字(2023)第 182648 号

责任编辑：多海鹏　　**文案编辑**：多海鹏
责任校对：周瑞红　　**责任印制**：李志强

出版发行 / 北京理工大学出版社有限责任公司
社　　址 / 北京市丰台区四合庄路 6 号
邮　　编 / 100070
电　　话 / (010) 68914026 (教材售后服务热线)
(010) 68944437 (课件资源服务热线)
网　　址 / http://www.bitpress.com.cn

版 印 次 / 2023 年 10 月第 1 版第 1 次印刷
印　　刷 / 河北盛世彩捷印刷有限公司
开　　本 / 787 mm×1092 mm　1/16
印　　张 / 12.25
字　　数 / 273 千字
定　　价 / 69.00 元

前言

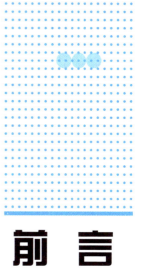

《智能网联汽车测试与评价技术》是智能网联汽车技术相关课程教材，本书依据高职汽车类专业的最新发展需求以及就业岗位新标准进行编写。智能网联汽车测试程师作为高职汽车专业学生的就业新趋势，加快推进了智能网联汽车的创新发展，本书能够满足智能网联汽车快速发展对于人才的需求。

本书坚持“立德树人、以人为本”的编写理念，以岗位需求为导向，以能力素质为核心，对接智能网联汽车测试工程师的实际工作任务，由浅入深，学生通过对书中内容知识的学习掌握，可无缝对接智能网联汽车测试工程师工作岗位的要求，实现岗课融通。

本书内容以“工学结合”为切入点，以“工作任务”为导向来设计，按照教育部最新颁发的课程教学要求及大纲精神，结合高职学生学习特点，以智能网联汽车测试与评价的真实工作过程、任务要求为载体，优化教材内容结构，缩减繁杂的理论知识，增加实践的可操作性，并依据汽车检测企业按照智能网联汽车的测试与评价工作要求安排教学内容，将工作岗位作业流程标准设计为教材项目实施的具体内容，并将工作岗位要求具备的职业能力和职业素养，通过强化实践技能工作任务表单的设计形式来实现，使工作岗位要求与项目化教学得到有机结合。

本书共分 7 个学习模块，由辽宁建筑职业学院孙琳、范思奇、陶帅以及襄阳达安汽车检测中心有限公司的杨梦婷任主编，本书编写分工如下：模块一由陶帅老师编写；模块二由杨梦婷工程师编写；模块三和模块七由孙琳老师编写；模块四~六由范思奇老师编写。在编写本书过程中，借鉴和参考了大量国内外汽车测试设备的技术资料和相关出版物，在此向相关人员致以诚挚谢意!

由于编者水平有限，书中难免出现错误，敬请读者批评指正。

编　者

目录

模块一

初识智能网联汽车

项目一　初识智能网联汽车技术

任务目标

1. 了解智能网联汽车的发展；
2. 了解当前主流智能网联汽车的型号；
3. 了解智能网联汽车智能驾驶系统的组成和功能；
4. 具备操作智能网联汽车上先进辅助驾驶功能的能力；
5. 培养对智能网联汽车等先进技术的专业认同感。

任务导入

随着汽车在世界范围内保有量的增加，智能网联汽车的保有量与日俱增，交通安全和交通拥堵等问题也日益突出。智能网联汽车技术（Intelligent & Connected Vehicle，ICV）的发展为上述问题提出了新的解决思路和方法。那么什么是智能网联汽车？智能网联汽车技术的发展趋势如何？常见的智能网联汽车辅助驾驶功能如何使用？

知识储备

一、智能网联汽车的基本概念

智能网联汽车是汽车与信息、通信等产业跨界融合的重要载体和典型应用，是全球创新热点和未来产业发展的制高点。发展智能网联汽车一方面能够解决社会面临的交通安全、道路拥堵、能源消耗等问题，另一方面能够成为深化供给侧结构性改革、实施创新驱动发展战略、建设现代化强国的重要支撑，同时是中国汽车产业从汽车大国向汽车强国迈进的重点突破方向。

坚持以习近平新时代中国特色社会主义思想为指导，全面贯彻党的二十大精神，在《国民经济和社会发展第十四个五年规划和2035年远景目标纲要》中提出加快研发智能网联汽车基础技术平台及软硬件系统，智能网联汽车相关产业将实现飞速发展。

在《智能网联汽车 术语和定义》意见征求稿中，对智能网联汽车（ICV）的定义为利用车载传感器、控制器、执行器、通信装置等，实现环境感知、智能决策和/或自动控制、协调控制、信息交互等功能的汽车的总称。

智能网联汽车与传统汽车相比具有智能化和网联化的特点，因此其实质上包含智能汽车和网联化两个方面的功能。其中智能汽车为配备先进驾驶辅助系统的汽车、自动驾驶汽车以及具备一定智能功能（例如配备智能座舱等）的汽车，通过智能传感器、智能驾驶控制器等对车辆实现智能控制。其中先进驾驶辅助系统（Advanced Driver Assistance System，ADAS）是利用安装在车辆上的传感、通信、决策及执行等装置，实时监测驾驶员、车辆及其行驶环境，并通过信息和/或运动控制等方式辅助驾驶员执行驾驶任务或主动避免/减轻碰撞危害的各类系统的总称。自动驾驶系统（Automated Driving System，ADS）是实现自动驾驶功能的硬件和软件所共同组成的系统。

国际汽车工程师学会（SAE International）在 SAE J3016《驾驶自动化分级》中将自动驾驶技术根据用户和驾驶自动化系统相互间的作用分为六个级别，见表 1-1-1。

表 1-1-1　SAE 在 J3016 标准中对自动驾驶分级

自动驾驶分级							
美国汽车工程师学会（SAE）自动驾驶分级标准							
分级	SAE	L0	L1	L2	L3	L4	L5
称呼（SAE）		无自动化	驾驶支持	部分自动化	有条件自动化	高度自动化	完全自动化
SAE 定义		由人类驾驶者全权驾驶汽车，在行驶过程中可以得到警告	通过驾驶环境对转向盘和加速、减速中的一项操作提供支持，其余由人类操作	通过驾驶环境对转向盘和加速、减速中的多项操作提供支持，其余的由人类操作	由无人驾驶系统完成所有的驾驶操作，根据系统要求，人类提供适当的应答	由无人驾驶系统完成所有的驾驶操作，根据系统要求，人类不一定提供所有的应答，限定道路和环境条件	由无人驾驶系统完成所有的驾驶操作，可能的情况下，人类接管，不限定道路和环境条件
主体	驾驶操作	人类驾驶者	人类驾驶者/系统	系统			
	周边监控	人类驾驶者			系统		
	支援	人类驾驶者				系统	
	系统作用域	无					全域

网联化汽车是指汽车依靠通信技术，将车辆与其相关联的因素数据通过网络联系在一起，这个车辆通信的网络即车辆网，借助新一代信息通信技术，实现车辆与交通（即车与车 V2V、车与行人 V2P、车与道路设施 V2I、车与交通网联 V2N）之间的全方位网络连接，实现了“三网融合”，将车内通信网络、车间通信网络和车外通信网络进行融合，最终实现未来交通的智能化管理以及交通信息服务的智能决策和车辆的智能化控制。车联网技术汇总如图 1-1-1 所示。

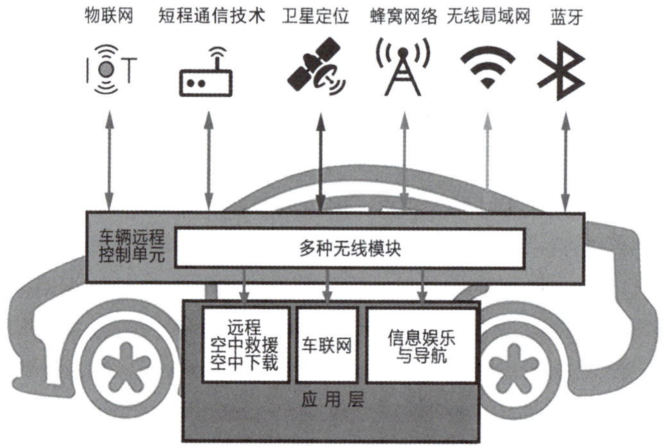

图 1-1-1　车联网技术汇总

二、智能网联汽车的发展史

1. 智能汽车的发展历史

1）智能驾驶技术的发展

（1）探索阶段。

1925 年 8 月，世界上第一辆无人驾驶汽车“美国奇迹”被美国陆军工程师 Francis P. Houdina 设计制造出来，这是一辆通过无线电遥控的汽车，可完成启动、转向、制动、加速、按喇叭等指令，在纽约繁忙的街道上从百老汇开到了第五大道，引起了巨大的轰动。尽管 American Wonder 并不是真正的无人驾驶，却让这个概念走入人们的视野。

被普遍认可的真正世界上的第一辆“自动驾驶汽车”是 1961 年被设计出的 Stanford Cart，它出现的意义在于为后续自动驾驶技术的发展搭建了沿用至今的自动驾驶架构。它可以利用摄像头和早期的人工智能系统来绕开障碍物，但每移动 1 m 需要 20 min。Stanford Cart 实物如图 1-1-2所示。

图 1-1-2　Stanford Cart 实物

（2）发展阶段。

20 世纪 80 年代到 21 世纪初，伴随着计算机、机器人控制和传感等技术的突破，无人驾驶技术进入了一个快速发展阶段。其间军方、科研院所、汽车企业间开展了广泛的合作，成功研发了多辆自动驾驶汽车原型。最具代表性的成果要数美国卡内基·梅隆大学的 NavLab 系列、德国慕尼黑联邦国防军大学的 VaMoRs（P）系列和意大利帕尔马大学视觉实验室（VisLab）的 ARGO 项目。图 1-1-3（a）所示为卡内基·梅隆大学的 NavLab1，图 1-1-3（b）所示为卡内基·梅隆大学的 NavLab5。

1984 年，美国国防部开启自主地面车辆（ALV）陆地自动巡航计划。1991 年，美国国会授权交通运输部研发自动化汽车和高速公路系统，自动驾驶系统的名号从此走上历史舞台。

美国国防部于 2004 年发起了“DARPA”无人驾驶挑战赛（DARPA Grand Challenge），这项一开始旨在促进在极限环境下无人驾驶车技术发展的赛事一共举办了三届，最后极大地促进了全世界范围内无人驾驶技术的发展。2007 年的“DARPA”无人驾驶挑战赛也称为城区挑战赛（Urban Challenge），为了更加接近未来无人驾驶应用在道路的实际状况，主办方

（a）　　　　　　　　　　（b）

图 1-1-3　自动驾驶汽车

（a）卡内基・梅隆大学的 NavLab1；（b）卡内基・梅隆大学的 NavLab5

增加了许多看似简单但挑战性极高的规则，如：

① 参赛车辆必须遵守加州地区的交通法规；

② 参赛车辆必须完全自主驾驶，仅限使用其探测到的信息以及公共信号，如雷达信息、GPS；

③ 参赛车辆必须能够在 GPS 无信号的恶劣天气情况下行驶；

④ 参赛车辆必须能够避开车辆、自行车、路障、电线杆等障碍物，避免碰撞。

这些新增加的规则促进了无人驾驶技术更好地由军用向民用方向发展。三届“DARPA”无人驾驶挑战赛的冠军统计见表 1-1-2。

表 1-1-2　三届“DARPA”无人驾驶挑战赛的冠军统计

比赛年份	冠军团队	地形	夺冠车辆照片
2004 年	卡内基・梅隆大学 Red Team	沙漠	
2005 年	斯坦福大学 Stanford Racing Team	山地	
2007 年	卡内基・梅隆大学 Tartan Racing	城市	

我国智能驾驶技术的发展起步于国防科学技术工业委员会和国家“863”计划，1988 年清华大学开始研发“THMR”系列智能车，THMR-V 智能车能够实现结构化到环境下的车道线自动跟踪，图 1-1-4 所示为清华 THMR-V 智能车。“八五”期间，由北京理工大学、国防科技大学等五家单位联合研制成功了 ATB-1（AutonomousTestBed-1）无人车，这是我国第一辆能够自主行驶的测试样车，其行驶速度可以达到 21 km/h。ATB-1 的诞生标志着中国无人驾驶行业正式起步并进入探索期，无人驾驶的技术研发正式启动。

图 1-1-4　清华 THMR-V 智能车

（3）飞速发展。

2009 年之后，随着计算机性能的快速升级，以谷歌（google）、特斯拉（Tesla）、英伟达（Nvidia）为代表的科技公司也在自动驾驶领域开展了许多项目。谷歌为自动驾驶项目成立了独立的子公司 Waymo，已经在无人车商业化方面有了一些成果；特斯拉公司的自动驾驶系统 Autopilot 也在美国等地开始进行测试，在商业化方面迈出了坚实的一步；英伟达公司于 2022 年发布了一款自动驾驶芯片 Thor，单颗芯片算力达到 2 000 TOPS，是 2016 年发布的专门用于自动驾驶领域的 Xavier 系列高算力芯片算力的 600 倍以上，可以让汽车制造商和一级汽车制造供应商加速产品的自主化和无人驾驶车辆的研发，图 1-1-5 所示为英伟达公司产品从 2018 年至今发布的自动驾驶芯片算力发展过程。

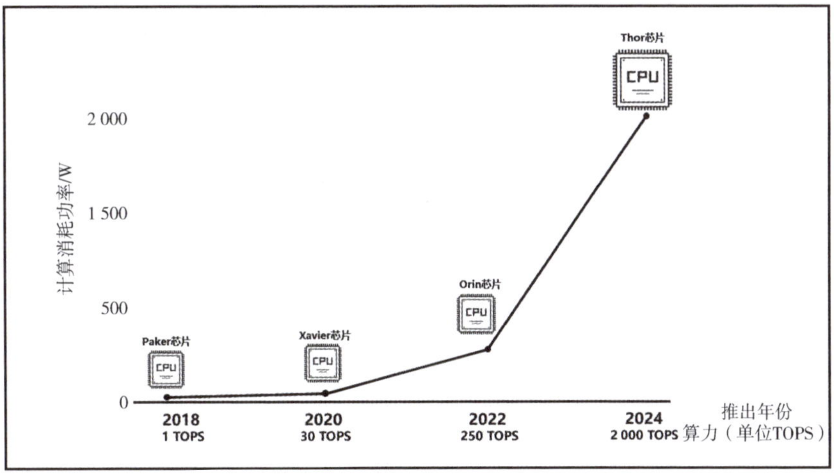

图 1-1-5　英伟达公司自动驾驶芯片算力发展过程

近年来，国内在相关领域的研究逐步由学术界蔓延到工业界，包括传统汽车制造企业和新型互联网企业在内的众多研究机构纷纷在该领域投入力量。

百度公司于2013年开始进行无人车项目，以宝马3系汽车作为测试平台。百度无人车将车载计算和云计算相结合，建立了“百度汽车大脑”。“百度汽车大脑”具有国内外领先的十余项核心技术，包括智能互联、人机交互、精确定位、标志检测、场景分割、目标跟踪、目标识别、距离估计等。百度已经开启了车内没有安全员的全无人驾驶的商业化运营，2022年8月百度宣布已拿到重庆、武汉等地政府机构发放的全国首批自动驾驶全无人化示范运营资格。百度“萝卜快跑”全无人自动驾驶出行服务城市，目前已覆盖北京、上海、深圳等十余个城市。

华为高阶智能驾驶系统 ADS 2.0 高阶智能驾驶系统实现了全栈自研，采用基于 BEV 和 transformer 的智驾路线，配备了 11 个辅助驾驶感知硬件，包含 1 个激光雷达、3 毫米波雷达、11 个高清摄像头，以及 12 个超声波雷达，已经能够终实现不依赖高精地图的高速、城区领航辅助驾驶功能。所示为涂 1-1-6 所示为华为 ADS 智驾系统功能展示。

图 1-1-6　华为 ADS2.0 系统仪表界面显示

可以看出，智能驾驶汽车技术的发展历程是一个不断演化和创新的过程。自从最早的实验性研究开始，到今天的商业化应用，智能驾驶技术不断突破技术和市场壁垒，致力于实现更加安全、高效、环保的交通出行模式。未来，智能驾驶汽车技术将会与无人机、5G、物联网等其他领域的新技术形成一种全新的协同创新模式，进一步带来人类社会的变革与进步。

2）车联网技术的发展

早在20世纪70年代，车联网的概念就已经出现，美国提出了电子道路导航系统（Electronic Route-Guidance System，ERGS），通过路边设备提供车辆导航服务；日本的汽车交通控制综合系统（Comprehensive Automobile Traffic Control system，CACS）项目通过路边设备引导车辆行驶，减少拥堵，避免安全事故，以及提供应急服务。

在 1986 年欧盟启动了“最高效及安全欧洲交通项目（Program for European Traffic with Highest Efficiency and Unprecedented Safety，PROMETHEUS）”推出车-车通信（V2V）、车-路通信（V2R）、辅助驾驶（ADAS）等先进的交通信息技术。

在智能交通的发展中，专用短程通信（DeDICated Short Range CommunICation，DSRC）技术是车联网技术的基础之一，随着智能交通的发展而不断发展。1992 年，ASTM 美国材料试验学会针对 ETC 业务的开发，最先提出 DSRC 技术的概念，该通信技术采用 915 MHz 频段开展标准化工作。

2006 年，多家通信和汽车领域企业推进智能汽车协作通信项目，研究利用蜂窝通信技术（采用 3G 网络）实现行车预警信息的相互传递（V2V、V2R）。2015 年，3GPP 国际组织分别设立了专题——“LTE 对 V2X 服务支持的研究”和“基于 LTE 网络技术的 V2X 可行性服务研究”，正式启动 LTE V2X 技术标准化的研究，研究成果 LTE-V 即基于无线蜂窝通信的车联技术，在业内也称为 C-V2X（Cellular-Vehicle to Everything），国内多家通信企业（华为、大唐、中兴等）参与了 LTE-V 的研发，目前已经开始通过试验推动 LTE-V2X 解决方案的成熟与产业化。

DSRC 技术和 LTE-V2X 技术标准各有优点，业界专家存在三种观点：一种是 DSRC 技术已经成熟，其经过多年的测试与验证，可行性已经得到验证，同时网络、芯片等产业链相对成熟，没有理由放弃；也有观点认为，LTE-V2X 具备技术优势，其安全性和可靠性都更胜一筹，更有前景；此外还有观点表示，汽车与手机不同，是有本国属性但一般不会大量跨国行驶，因此，不同国家可以使用不同的技术。由于我国有通信网络覆盖广和用户量庞大的优势，故一直以来都是 LTE-V2X 的积极倡导者。

网联化是指汽车依靠通信技术，将车本身和其他相关联的因素数据通过网络联系在一起，这个网络就叫车联网。车联网的概念源于物联网，即车辆物联网，是以行驶中的车辆为信息感知对象，借助新一代信息通信技术，实现车与 X（即车与车—V2V、车与人—V2P、车与路—V2I、车与云—V2N，见图 1-1-7）之间的全方位网络连接，实现了“三网融合”，将车内网、车际网和车载移动互联网进行融合。车联网利用传感技术感知车辆的状态信息，并借助无线通信网络与现代智能信息处理技术实现交通的智能化管理，以及交通信息服务的智能决策和车辆的智能化控制。

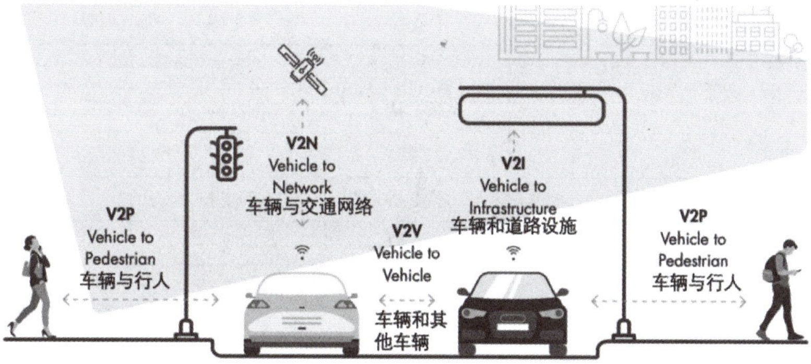

图 1-1-7　V2X 技术分类

三、主流智能网联汽车简介

1. 特斯拉 Model Y 简介

美国特斯拉公司是目前全球最大的智能网联纯电动汽车制造商，特斯拉 Model Y 是特斯拉研发的一款中型 SUV，这款电动车是特斯拉创办以来推出的第 5 款汽车，仅在 2022 年 Model Y 车型即销售 78.6 万辆。

图 1-1-8 所示为 2022 款特斯拉 Model Y，其智能传感器包含 8 个摄像头、一个毫米波雷达以及 12 个超声波雷达。2023 年，特斯拉开始向纯视觉辅助驾驶系统方向发展，并逐步放弃搭载超声波雷达。

Model Y 的智能驾驶功能分为 BAP 基础版辅助驾驶功能、EAP 增强版自动辅助驾驶功能以及 FSD 完全自动驾驶能力，区别如表 1-1-3 所示。

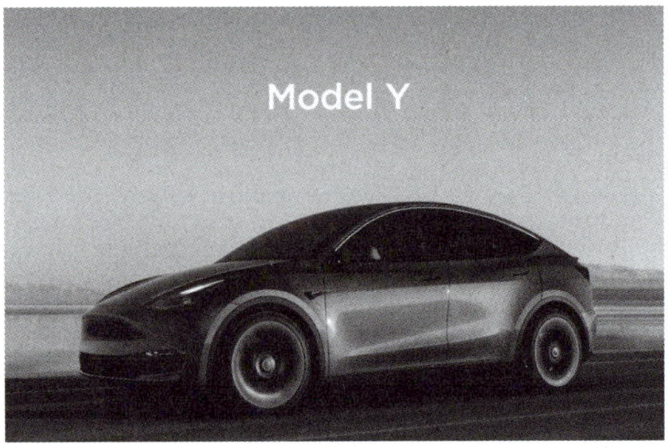

图 1-1-8　2022 款特斯拉 Model Y

表 1-1-3　特斯拉各自动驾驶功能版本对比

功能	BAP	EAP	FSD
主动巡航控制	支持	支持	支持
自动辅助转向	支持	支持	支持
自动辅助变道	不支持	支持	支持
自动辅助导航驾驶	不支持	支持	支持
自动泊车	不支持	支持	支持
召唤	不支持	支持	支持
智能召唤	不支持	支持	支持
主动安全功能	支持	支持	支持
显示与响应交通灯和停止标识牌	不支持	不支持	支持（待实现）
城市街道自动辅助驾驶	不支持	不支持	支持（待实现）
完全自动驾驶	不支持	不支持	支持（待实现）

2. 百度 Apollo（“萝卜快跑”）

百度 Apollo 作为国内自动驾驶技术商业化的先行者，起步于 2013 年百度无人车项目，Apollo 是百度发布的面向汽车行业及自动驾驶领域的合作伙伴提供的软件平台，旨在向汽车行业及自动驾驶领域的合作伙伴提供一个开放、完整、安全的软件平台，帮助他们结合车辆和硬件系统，快速搭建一套属于自己的完整的自动驾驶系统。而将这个计划命名为 Apollo 计划，就是借用了阿波罗登月计划的含义。

百度 Apollo 的第五代车型 Apollo Moon 极狐版是将激光雷达方案搭载量产车型前装而成，搭载的自研计算单元具备 800 TOPS 的算力，配备有 13 个摄像头、5 个毫米波雷达以及 2 颗激光雷达，同时车顶加载了 1 个禾赛的定制化激光雷达，前向还有 1 个安全冗余激光雷达，再基于以视觉感知算法为主的架构，最终帮其减少对昂贵部件的依赖，将制造成本压缩到 48 万元。图 1-1-9 所示为 Apollo Moon 极狐版。

Apollo Moon 同时采用 5G 云代驾，大幅降低了目前无人驾驶网约车需要车内安全员现场看管的人力运营成本，运用后 5G 云代驾控制中心的安全员可以凭借一台驾驶舱控制多辆无人车。图 1-1-10 所示为 5G 云代驾控制中心。

图 1-1-9 Apollo Moon 极狐版

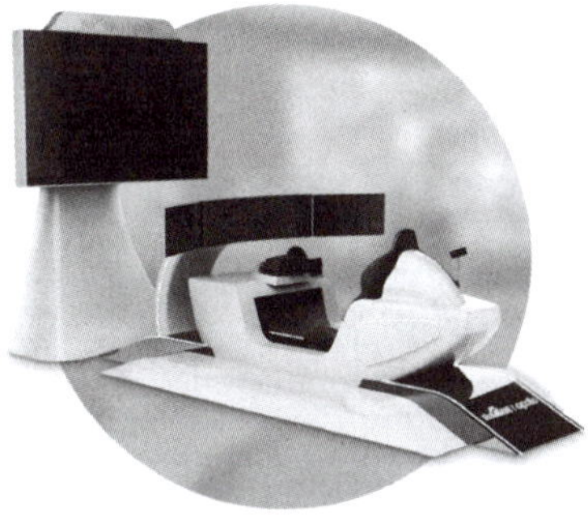

图 1-1-10 5G 云代驾控制中心

“萝卜快跑”是百度旗下的中国第一个大众化的无人车出行服务平台，2022 年“萝卜快跑”已经在北京、上海、广州、深圳、重庆、武汉、成都、长沙、合肥、阳泉、乌镇等十余个城市运营，累计订单量超过 200 万辆，测试里程超过 5 000 万 km。图 1-1-11 所示为“萝卜快跑”App 的应用。

图 1-1-11 “萝卜快跑”App 的应用

央视体验萝卜快跑无人驾驶网约车

3. 比亚迪汉

作为中国新能源汽车领域的领军企业，比亚迪在不断探索和创新的道路上日益成为全球汽车行业的焦点。近年来，比亚迪不断创造新的销量里程碑。比亚迪不仅在技术和市场上占据了领先地位，同时也将这些成果带到了全球，成为中国汽车工业走向世界的重要代表，仅2023年上半年比亚迪品牌汽车销量就已经超过460万辆。

比亚迪汉 EV 轿车是比亚迪第一款搭载比亚迪自研的 DiPilot 智能辅助驾驶系统的车型。比亚迪 DiPilot 由 DiTrainer 和 DiDAS 组成，其中 DiDAS 包含自动紧急制动辅助系统、前向碰撞预警系统、自适应巡航、单车道集成式巡航、交通拥堵辅助、车道偏离预警系统、车道保持系统、盲区检测、自动泊车、全景影像、遥控驾驶等功能，也就是目前很多车型都具备的高级驾驶辅助系统。基于自身独到的算法开发能力推出独创的“教练模式”（DiTrainer），它能够学习驾驶员的驾驶习惯，对驾驶员的类型和驾驶水平做出预判，通过提醒、干预等方式，优化智能驾驶辅助的功能，使标准化的驾驶辅助功能变得更智能、更安全。图 1-1-12 所示为比亚迪汉 EV2022 款。

图 1-1-12　比亚迪汉 EV2022 款

比亚迪汉 EV 智能驾驶功能使用

比亚迪 DiPilot 系统的量产，基于比亚迪目前的销量，可以大幅提升新能源车在安全、智能、个性化方面的表现。汉车型作为比亚迪首款搭载 DiPilot 的车型，在智能交互体验和智能驾驶辅助系统应用方面的表现，呈现出比亚迪在汽车智能化与网联化的发展趋势。

四、比亚迪汉 EV 智能驾驶辅助系统介绍与主要功能使用

比亚迪汉 EV 的智能驾驶辅助系统包含自适应巡航系统、智能领航系统、预测性紧急制动系统、交通标志识别系统、智能远近光辅助系统、车道保持系统、车道偏离预警系统、盲区检测系统、自动泊车辅助系统等，其中部分功能为高配车型搭载。

1. 自适应巡航系统

比亚迪汉 EV 搭载的自适应巡航控制系统（ACC）的功能是在传统定速巡航的基础上，采用雷达探测前方车辆与本车的相对距离和相对速度，主动控制本车行驶速度，以达到自动跟车巡航的目的。根据前方是否有车辆，系统可以在定速巡航和跟车巡航之间自动切换。

驾驶员可以通过转向盘上的自适应巡航控制系统相关按键设定本车的巡航速度及与前车的时距。通过“巡航开关”按键（图 1-1-13 中按键 1）激活或关闭自适应巡航控制系统，可以设定车辆在速度为 30~150 km/h 的范围内定速巡航；通过拨杆（图 1-1-13 中按键 2）可以调节目标车速；通过按自适应巡航控制系统“退出”按键（图 1-1-13 中按键 3）或踩下踏板可以退出自适应巡航控制系统激活状态进入待机状态；通过时距调节按键（图 1-1-13 中按键4、5）可实现四个挡位车间距离的调节。

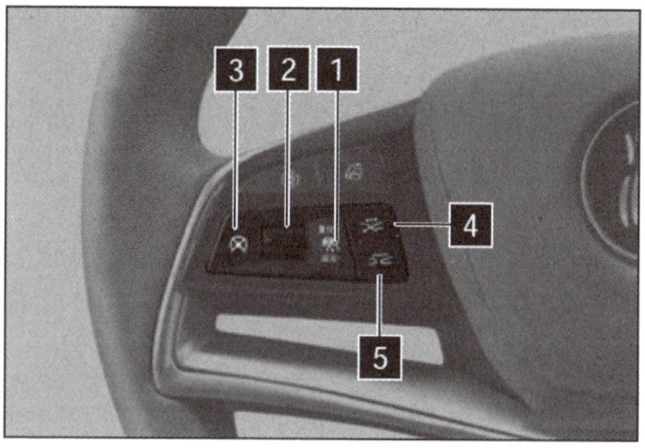

图 1-1-13　自适应巡航控制系统相关按键

1—巡航开关；2—拨杆；3—退出按键；4，5—时距调节按键

2. 智能领航系统

智能领航系统（ICC）是自适应巡航系统（ACC）与车道保持系统（LKS）的功能融合系统，能够在全速度范围（0~150 km/h）内为驾驶员提供车辆的纵向和横向辅助控制，减轻驾驶员的驾驶负担，提供安全舒适的驾驶环境。

该功能有三种工作状态，分别是待机状态、车道保持状态以及跟车行驶状态。若识别到两侧车道线，则车速在 0~150 km/h 时都会被维持在车道中心附近进行自适应巡航，此时仪表显示系统工作状态指示灯为车道保持状态；当在车道保持模式出现无法识别车道线的状态且前方有目标车辆时，则在 0~60 km/h 的速度范围内，将会跟随前方车辆进行侧向移动，此时仪表显示系统工作状态指示灯为跟车行驶状态；当出现其他状态时，车辆的横向控制将被抑制，仅保持自适应巡航功能，此时仪表显示系统工作状态指示灯为待机状态。

需要注意的是，智能领航系统即便是能够由车辆智能控制行驶，但仍然为 L2 级辅助驾驶而非自动驾驶，需要驾驶员始终保持对车辆的控制，双手不能长时间脱离转向盘，否则系统会在接管提醒后退出。

3. 预测性紧急制动系统

预测性紧急制动系统包含预测性碰撞报警（FCW）和自动紧急制动（AEB）两项功能。当系统探测到自车与前方车辆、行人存在潜在的碰撞风险时，将发出声光报警，为驾驶员提供充分的反应时间，并在情况持续恶化时施加短促制动，甚至根据紧急程度自动紧急制动，辅助驾驶员避免碰撞或者减轻碰撞造成的伤害。

预测性碰撞报警（FCW）有三个报警等级，即安全距离报警、预报警和紧急报警，其中安全距离报警为车速大于 65 km/h 时长时间近距离跟车行驶，系统会发出安全距离报警，仪表指示灯点亮，提示驾驶员自车与前车距离过近；预报警为车速大于 30 km/h 自车与

前车存在碰撞风险时，系统将会以视觉和听觉的方式进行预报警，仪表指示灯点亮，同时扬声器报警，驾驶员需及时采取适当的操作，保证安全的驾驶距离；若预报警后仍然没采取适当的安全操作，碰撞风险加剧，则系统将会以视觉和触觉的方式进行预报警，即仪表指示灯闪烁，同时可能伴随短促的制动提醒，驾驶员需及时采取适当的操作，保证安全的驾驶距离。

如果驾驶员未对紧急报警做出反应且危险情况进一步升级或制动力不足，则系统会进入自动紧急制动，系统会在能力范围内施加制动力或提供剩余的制动力来达到最佳的目标制动力，避免或者减轻碰撞造成的伤害。

4. 交通标志识别系统

交通标志识别系统通过摄像头传感器识别车辆行驶路径上不小于 20 km/h 的限速标识道路限速标志，仪表点亮限速指示图标，提示驾驶员将车速控制在合理范围之内。

当识别到车辆行驶路径上有不小于 20 km/h 的限速标识时，仪表将对应显示识别到的限速图标。当仪表显示车速大于识别到的限速车速 5 km/h 以上时，仪表限速图标会进行闪烁，提醒用户请勿超速驾驶。当系统识别到解除限速图标或行驶一段距离后，限速提醒图标消失。

5. 智能远近光辅助系统

智能远近光灯辅助系统通过摄像头传感器对当前驾驶环境（例如夜晚、隧道等）进行判断，自动实现远光灯的激活或解除控制。功能开启之后，当灯光开关处于自动挡，且光线满足条件，车速大于 35 km/h 时，系统会结合当前行车环境状况，在近光灯与远光灯之间自动切换。

6. 车道保持系统和车道偏离预警系统

车道保持系统通过前视摄像头探测前方车道线，功能激活车速为大于 60 km/h，车道保持系统通过对转向系统的控制，使车辆保持在自车车道内，减轻驾驶员的转向负担，提高驾驶舒适性。车道保持系统不会自动驾驶车辆，故驾驶员仍需集中精力观察道路以及交通状况，双手务必始终握住转向盘，随时准备转向。

车道偏离预警系统通过前视摄像头探测前方车道线，功能激活车速为大于 60 km/h，驾驶员无意识偏离车道时，系统发出报警，提示驾驶员注意安全驾驶。同时驾驶员可以设置多媒体系统对车道偏离预警系统的两种灵敏度（智能和标准）以及报警方式（仅声音报警、反转向盘振动或同时具有声音报警和转向盘振动提示）。

7. 盲区监测系统

盲区监测系统包含盲点监测、并线辅助、后方穿行预警（RCTA）、后碰预警、开门预警（DOW）五大功能，主要通过雷达传感器对当前交通状况的判断，及时提醒驾驶员谨慎驾驶，注意行车安全。

在车辆行驶过程中（车速大于 15 km/h），当雷达传感器探测到自车外后视镜盲区内存在车辆时，相应侧外后视镜上的报警指示灯点亮。图 1-1-14 所示为盲点监测报警指示灯位置。如果此时开启同侧的转向灯，外后视镜报警灯变为闪烁，提示驾驶员若继续变道可能存在危险，请注意安全驾驶。其他四个子功能也都通过对后方可能危及安全的状况检测，在并线、倒车、开车门等场景下进行预警。

图 1-1-14　盲点监测报警指示灯位置

8. 自动泊车辅助系统

自动泊车辅助系统可以辅助驾驶员完成自动泊入、水平泊出、自选车位等操作。该功能可适应垂直车位、水平车位、斜车位三种车位类型，适于实线停车位类型、虚线停车位类型等。图 1-1-15 所示为多媒体系统中自动泊车界面。

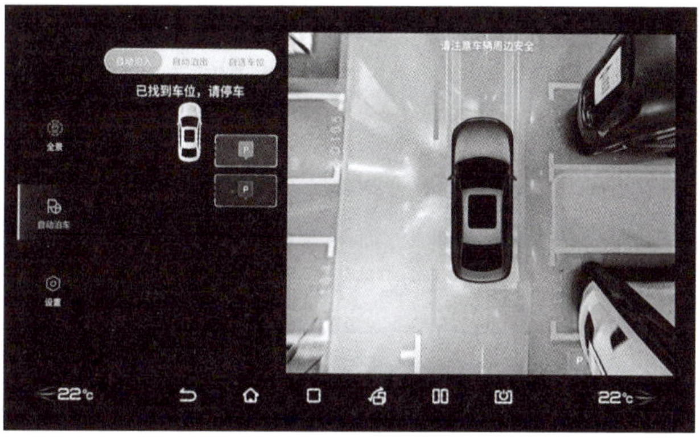

图 1-1-15　多媒体系统中自动泊车界面

在“自动泊入”模式下，系统通过车辆两侧的超声波传感器和全景摄像头传感器自动搜索车辆左侧或右侧可用停车位。在“自选车位”模式下，驾驶员在系统探测范围内自动选择合适的车位。当车位被选择后，驾驶员按照多媒体显示屏上的相关信息提示停车并单击“开始泊车”按钮，系统可自动进入泊车模式。该模式下系统可以自动规划泊车轨迹，并控制车辆的挡位、转向、制动、车速等使其驶入规划的车位。在“水平泊出”模式下，驾驶员通过打转向灯确认泊出方向后，系统同样会接管车辆控制，帮助驾驶员将车辆移动至便于驾驶的位置。

任务实施：比亚迪汉自动巡航控制功能的使用

1. ACC 系统激活条件

ACC 系统激活条件见表 1-1-4。

表 1-1-4　ACC 系统激活条件

根据实际情况在“□”位置上打“√”	
电子驻车（EPB）是否处于释放状态	有□　　无□
车辆挡位是否处于前进挡（D）上	有□　　无□

续表

根据实际情况在“□”位置上打“√”	
车辆有无后溜	有□　　无□
车辆四门是否关闭	有□　　无□
主驾安全带是否系上	有□　　无□
仪表上 ESP 关闭图标是否点亮	有□　　无□
ESP 功能是否被激活	有□　　无□
本车车速是否≤150 km/h	有□　　无□
车速为 0 时制动踏板被踩下；车速大于 0 时制动踏板未被踩下	有□　　无□
仪表上有无整车网络通信故障提示	有□　　无□
自动紧急制动功能是否激活	有□　　无□

2. 实操演练

比亚迪汉 ACC 激活仪表显示如图 1-1-16 所示。

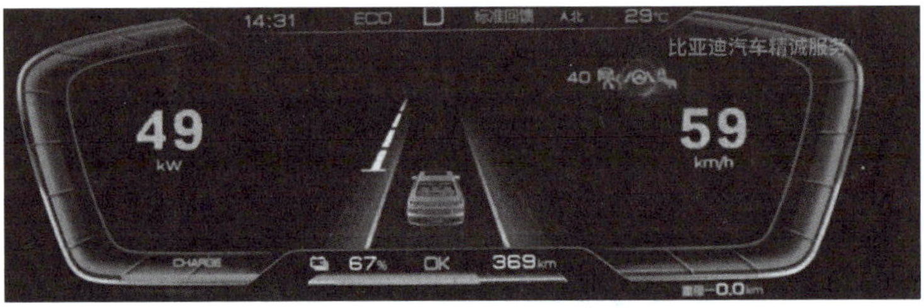

图 1-1-16　比亚迪汉 ACC 激活仪表显示

比亚迪汉自动巡航控制功能的实操见表 1-1-5。

表 1-1-5　比亚迪汉自动巡航控制功能的实操

实施功能	实施步骤	操作要点 （根据实际情况 在“□”位置上打“√”）
车辆检查	对车辆进行基础性检查，对车辆防抱死制动系统、电子稳定性控制系统、车辆制动器性能进行检查	车辆电量是否超过 50% □ 车辆制动系统是否正常□ 车辆仪表是否显示故障码□
ACC 开启/关闭	驾驶车辆达到 40 km/h，按下“ACC”按键，若满足激活条件，则系统进入待机状态，可以在开启或关闭 ACC 之间进行切换	ACC 功能是否正常开启 □
ACC 激活并设置车速	向下拨动调速拨杆，ACC 功能由待机状态进入激活状态时，将当前车速设置为目标车速（若当前车速小于30 km/h，则将 30 km/h 设置为目标车速；若当前车速大于 150 km/h，则将 150 km/h 设置为目标车速）	当前车速是否稳定在 40 km/h□ 记录 ACC 激活后 60 s 内最大车速和最小车速差值为______

续表

实施功能	实施步骤	操作要点（根据实际情况在“□”位置上打“√”）
速度调节	ACC功能激活时，通过拨动调速拨杆，可以在30～150 km/h范围内设置车速。向上/下拨动调速拨杆，目标车速可以增加/减少5 km/h。在同一点火周期内，巡航处于待机状态时，系统可记忆最后一次设定的车速	向上拨动调速拨杆2次，车辆是否加速到50 km/h并稳定在50 km/h□
设定车间距离	通过转向盘上的时距调节增减按键调节当前车速下自车与相同车道上前方的车辆保持适当距离，共可实现四个挡位车间距的调节，分别调节车间距为最大挡位和最小挡位	调节后车辆跟车巡航过程中是否与前车距离不同□
车辆跟停/起步	• ACC系统可以控制车辆在正常行驶工况下跟随前车停止，若停车时间在3 s内，则自车可自动跟随前车起步； • 若车辆停止时间在3 min以内，则需要驾驶员踩下加速踏板或通过操作ACC巡航按键来重新激活ACC； • 若车辆停止时间在3 min以上，则ACC系统将会进入待机状态，EPB会被拉起	车辆跟随前车停止3 s以上且3 min以内之后是否能够通过踩下加速踏板重新激活ACC□
ACC退出	按下自动巡航控制系统退出按键或踩下制动踏板，ACC退出激活进入待机状态	ACC功能是否退出并进入待机状态□
6 s	停车到停车位后挂P挡并确认驻车功能是否开启，整理车内环境并清理和复原设备	

任务检查与评价

结合以上内容，分析对智能网联汽车的认知。学生分组，教师分别带各组学生体验智能网联汽车自适应巡航控制系统，最后由各组讲述对智能网联汽车体验后的感受。

思考与练习

一、判断题

1. SAE J3016《驾驶自动化分级》中将自动驾驶技术分为六个级别。（　）

2. 比亚迪汉EV搭载的智能辅助驾驶系统是比亚迪自研的DiPilot系统。（　）

3. 智能领航系统能够由车辆智能控制行驶，不需要驾驶员始终保持对车辆的控制，双手可长时间脱离转向盘。（　）

二、问答题

1. 智能网联汽车（ICV）的定义是什么？

2. 比亚迪汉的智能驾驶系统包含哪些？

项目二 认识智能网联汽车测试与评价

任务目标

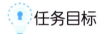

1. 了解智能网联汽车测试与评价的意义；
2. 了解智能网联汽车相关的标准；
3. 了解智能网联汽车主流的测试评价体系；
4. 具备智能网联汽车主观评价的设计；
5. 培养学生对测试评价工作的严谨性。

任务导入

智能网联汽车技术的快速发展加快了汽车行业新技术的开发进度，越来越多的车型具备了智能化和网联化的功能，给乘客提供了安全升级以及体验升级，但如何保证这些功能是安全且舒适的，需要测试技术人员对新的车型进行测试，并需要汽车评价机构对车辆的智能网联功能进行系统性的评价。在测试评价进行之前，应如何对车辆进行整备以达到测试与评价的要求？

知识储备

一、智能网联汽车测试与评价的意义

智能网联汽车相关标准的发布以及目前国内外智能网联汽车测评体系的建立，都是为了支持智能网联汽车在开发阶段与认证阶段的测试和评价，并提供技术标准和要求。相关标准以及评价体系的建立和制定都应跟随智能网联汽车技术的发展，且要比智能网联汽车量产化提前产生。有效的测试标准可为车辆上路认证提供依据，保证基本的量产车辆的安全性；合理的评价体系可为给消费者提供车辆的智能网联性能信息，提高车辆智能网联性能和技术水平。这些都是为了支持智能网联汽车技术飞速发展并更快走到百姓生活中，为我国的交通安全提供重要保障。

1. 智能网联汽车测试的意义

从测试角度来看，严谨、完善的测试技术能够保证系统功能的有效性和可靠性，保证成员安全，同时可以推进智能网联汽车的进步。车辆系统的复杂性随汽车智能化而提高，测试工作面临着复杂多样且充满不确定性。作为一名汽车测试工程师，工作岗位与车辆的安全高度相关，不同复杂场景下测试的充分程度直接关系到车辆用户、交通系统乃至交通参与者的家庭。综上所述，对复杂性逐渐升高的智能网联汽车进行健全的测试是非常必要的。

从评价角度来讲，科学的评价体系能够为测试工作提供全面性的设计方向，引导汽车发展和功能设计向正确的方向发展：可以为政府监管部门提供行业管理信息；可以为开发工程师提供开发投入方向的引导；可以为消费者提供消费建议。一套高标准、公平和客观的车辆智能网联汽车评价体系可以为智能网联汽车的发展提供正向的推动力，加速智能网联汽车领域的发展。

二、智能网联汽车主要测试评价方法

在汽车软件行业中应用最广泛的开发模型为“V”开发模型，即 RAD（Rapid Application Development，快速应用开发），“V”开发模型结构如图 1-2-1 所示，可以看到开发过程被逐级分为不同的阶段步骤，每个阶段步骤都有相应的测试活动。

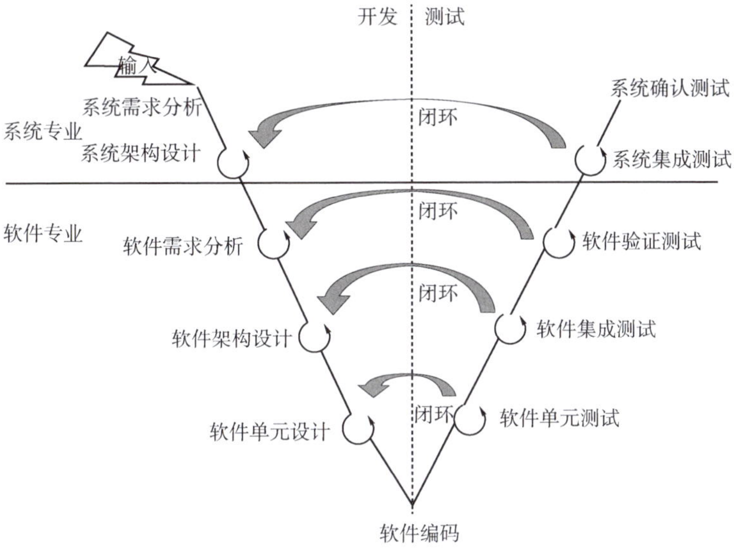

图 1-2-1 “V”开发模型结构

由“V”开发模型的右侧可以看到，汽车软件开发过程中的测试包括软件单元测试、软件集成测试、软件验证测试以及系统集成测试，在智能驾驶测试中分别对应软件虚拟在环测试（SIL）、硬件在环测试（HIL）、车辆在环测试（VIL）、封闭场地和开放道路测试四个环节。测试内容包括传感器、算法、软件逻辑、执行器和人机界面等各个方面，测试目的包括应用功能、性能、稳定性、鲁棒性、功能安全和型式认证等方面。其中，仿真测试一般在研发初期进行，测试中利用虚拟仿真软件建立虚拟场景和车辆，可以快速评价自动驾驶系统部分性能。系统开发后期必须进行实车测试，如受控场地测试和开放道路测试，这一阶段能够真实、有效地评估整车及系统的实际性能和用户层面的相关性能。本书根据培养目标，主要针对软件在环测试和受控场地测试以及开放道路测试方法进行教学。

虚拟仿真测试推荐采用具有完全自主知识产权的自动驾驶仿真软件——PanoSim，它提供了一套支持高级驾驶辅助系统（ADAS）和自动驾驶系统（AD）的技术开发、测试与验证的仿真模型和虚拟实验环境。图 1-2-2 所示为 PanoSim 软件界面。

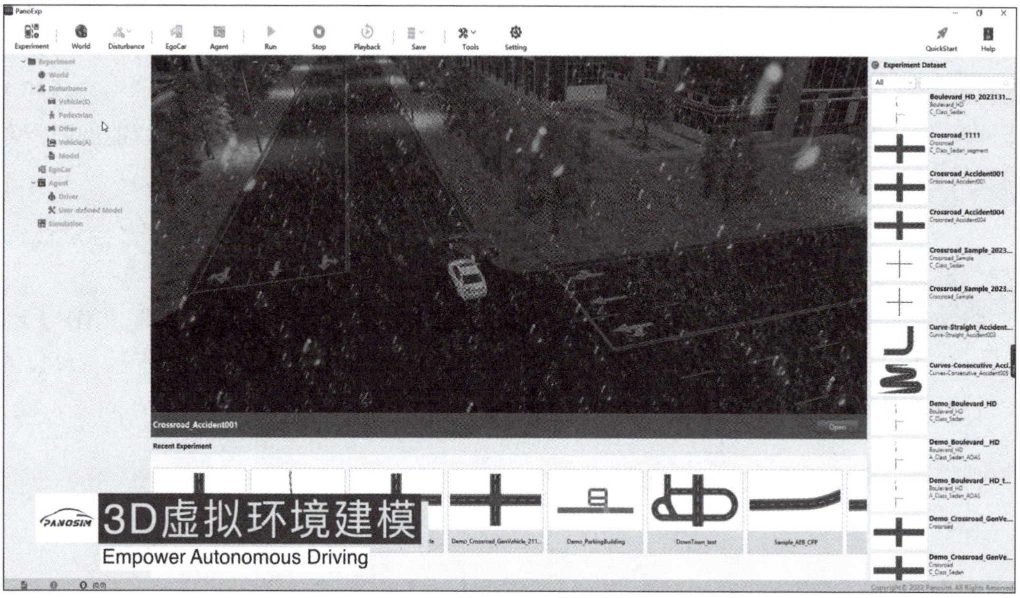

图 1-2-2 PanoSim 软件界面

道路测试是开展智能网联汽车技术研发和应用不可或缺的重要环节，智能网联汽车测试示范区的建设和运营对于我国智能网联汽车的发展至关重要。近年来，十多个测试示范区积极推进封闭场地建设，强化软、硬件部署，加快开展测试验证工作，未来具备高级别自动驾驶功能的智能网联汽车将逐步实现特定场景的规模应用。全国智能网联示范基地（区、路）汇总见表 1-2-1 。

上海智能网联汽车技术中心有限公司

表 1-2-1 智能网联示范基地（区、路）汇总

智能网联示范基地（区、路）汇总					
序号	级别	所在省份	城市（区）	示范基地（区、路）名称	数量
1	国家级	江苏	无锡	国家智能交通综合测试基地（无锡）	国家级 10 个
2		上海	嘉定	智能网联汽车（上海）试点示范区	
3		浙江	嘉兴	浙江 5G 车联网应用示范区（杭州云栖小镇和桐乡乌镇）	
4		湖南	长沙	国家智能网联汽车（长沙）测试区	
5		湖北	武汉	武汉智能网联汽车示范区	
6		北京、河北	海淀、顺义、徐水、雄安、沧州等	国家智能汽车与智慧交通产业（京冀）示范区（合并）	
7		广东	广州	广州智能网联汽车与智慧交通应用示范区	
8		重庆	渝北、永川	重庆 i-Vista 国家智能汽车集成试验区	
9		四川	成都	中德合作智能网联汽车车联网四川试验基地	
10		吉林	长春	国家智能网联汽车应用（北方）示范区	

续表

序号	级别	所在省份	城市（区）	示范基地（区、路）名称	数量
11	华东	上海	杨浦	同济大学智能网联汽车测试评价基地	地方级 34 个
12			浦东	临港智能网联汽车综合测试示范区	
13		江苏	南京	南京秦淮区/溧水区/江宁区智能网联开放测试区	
14			苏州	苏州工业园区和相城区智能网联汽车公共测试道路工业区	
15			常熟	常熟中国智能车综合技术研发与测试中心	
16			常州	国家智能交通测试及应用推广基地（常州）	
17			盐城	中汽中心盐城汽车试验场、盐城经济技术开发区	
18		浙江	嘉兴	嘉兴嘉善产业新城智能网联汽车测试场	
19			湖州	湖州德清自动驾驶与智慧出行示范区	
20		安徽	合肥	合肥自动驾驶 5G 示范运行线	
21			芜湖	芜湖奇瑞汽车 V2X 示范场地	
22			池州	新能源与智能网联汽车综合测试研发基地（池州）等	
23		福建	福州（平潭）	福州市平潭县无人驾驶汽车测试基地	
24			福州（罗源）	福州市罗源县 5G 车路协同自动驾驶联合实验基地	
25			厦门	厦门 BRT 5G 公交站系统	
26	华中	河南	郑州（航空港）	郑州航空港实验区智能网联示范区	
27			许昌	许昌芙蓉湖 5G 自动驾驶示范区	
28			郑州（郑东新区）	郑东新区龙湖区无人驾驶公交项目	
29	华北	天津	西青	天津西青智能网联（车联网）先导区	
30		山东	青岛	青岛即墨智能网联汽车测试基地	
31	东北	吉林	长春	一汽大众汽车农安试验场	
32		辽宁	盘锦	北汽盘锦无人驾驶汽车运营项目	
33	西北	陕西	西安	西安长安大学车联网与智能汽车试验场	
34		宁夏	银川	中国银川智能网联汽车测试与示范运营基地	
35	华南	广东	深圳	深圳智能网联交通测试示范区	
36			惠州	惠州智能网联示范区	
37			肇庆	肇庆自动驾驶城市路测示范区	
38		广西	柳州	柳州智能网联汽车示范区	
39		海南	琼海	博鳌乐城智能网联汽车示范项目	
40			琼海	琼海汽车试验场智能网联示范项目	
41	西南	重庆	两江新区	中国汽研智能网联汽车试验基地	
42			两江新区	重庆车检院自动驾驶测试应用示范基地	
43		四川	德阳	德阳 Dicity 智能网联汽车测试与示范运营基地	
44		贵州	贵阳	贵阳市智能网联汽车开放道路测试区	

三、智能网联汽车产业标准体系介绍

工业和信息化部、国家标准化管理委员会于 2023 年 7 月 26 日发布了《国家车联网产业标准体系建设指南（智能网联汽车）（2023 年版）》，明确了后续智能网联汽车标准制定的基本原则和重点方向，明确了标准体系的发展方向，对于加快构建我国智能网联汽车产业发展新格局和实现汽车产业高质量发展具有重要的战略意义。图 1-2-3 所示为国家车联网产业标准体系建设框架。

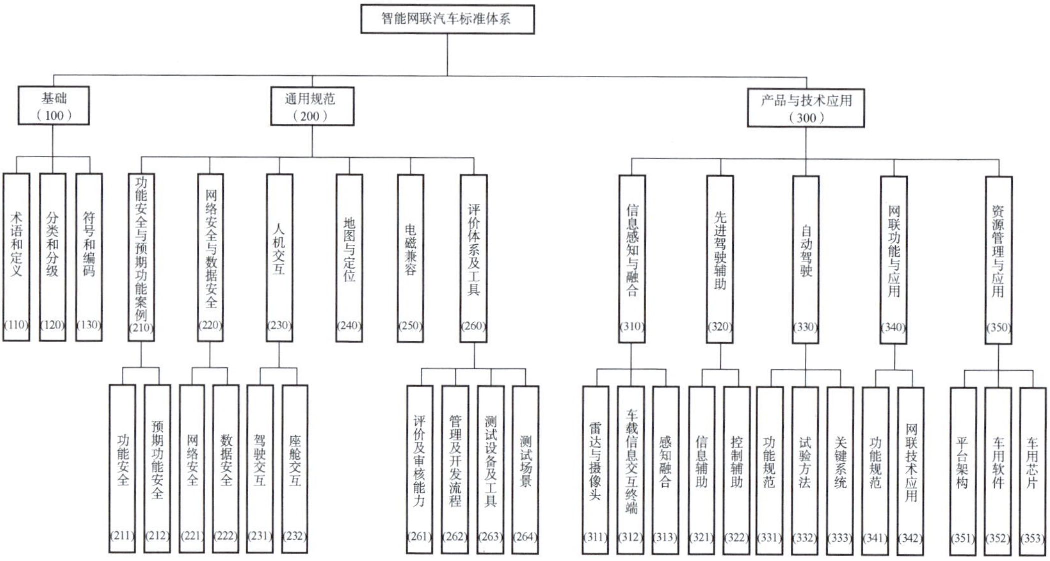

图 1-2-3　国家车联网产业标准体系建设框架

《国家车联网产业标准体系建设指南（智能网联汽车）（2023 年版）》提出，将在 2025 年系统形成能够支撑组合驾驶辅助和自动驾驶通用功能的智能网联汽车标准体系，标准体系规划标准涉及基础、通用规范、产品与技术应用等方面，其中已发布、报批和已立项的标准共 53 项，智能网联汽车现行和在研的标准清单见本模块末的附件 A。

国家车联网产业标准体系建设指南（智能网联汽车）（2023 版）

四、国内主流的智能网联汽车测试评价体系介绍

目前国内主要的第三方智能网联测试评价体系有两个，分别是由中国汽车技术研究中心发布的 C-NCAP《中国新车评价规程》和中国汽车工程研究院发布的 IVISTA《中国智能汽车指数》，这些体系的建立为消费者提供了选车服务，促进了汽车企业实现产品质量提升和技术推广，为政府部门提供了产品质量信息。

1. C-NCAP《中国新车评价规程》（包含 C-ICAP）

为了促进中国汽车产业的健康发展，加速国内汽车市场的全球化进程，中国汽车技术研究中心于 2006 年 3 月 2 日正式发布了首版《中国新车评价规程》（C-NCAP）。C-NCAP 以更严格、更全面的要求，对车辆进行全方位

C-NCAP 管理规则电子版

的安全性能测试，包括乘员保护、行人保护、主动安全等，从而给予消费者更加系统、客观的车辆安全信息，促进汽车企业不断提升整车安全性能。

C-NCAP 试验项目中先进驾驶辅助系统（ADAS）部分包含车辆自动紧急制动系统（AEB）、车道保持辅助系统（LKA）的性能试验，以及车辆电子稳定性控制系统（ESC）、车道偏离报警系统（LDW）、车辆盲区监测系统（BSD）和速度辅助系统（SAS）的性能测试报告审核。

C-NCAP 的具体性能试验包括 AEB 系统在车辆发生紧急情况时会自动制动，以避免或减轻碰撞伤害，并对配置了 AEB 系统的车型进行 AEB CCR、AEB VRU_Ped 以及 AEB VRU_TW 测试。AEB CCR、AEB VRU_Ped 及 AEB VRU_TW 试验分别将被测车辆以不同速度行驶至前方的模拟车辆目标物、模拟行人目标物以及模拟二轮车目标物，检验被测车辆在没有人为干预的情况下的制动及预警情况，以评价 AEB 系统的性能好坏。LKA 系统在探测到车辆偏离所行驶道路车道标线时，自动介入车辆横向运动控制，使车辆保持在原车道内行驶。对于配置了 LKA 系统的车型，还应分别进行实线和虚线偏离场景测试。

随着智能网联技术的快速发展，智能网联汽车的市场占有率逐步走高，“智能化、网联化”功能配置日益成为汽车消费者购车过程中的重要需求。如何引导企业生产更智能、更安全的汽车，如何普及智能消费和方便消费者在众多车型中挑选适合自己需求的智能网联汽车，是公众和行业持续关注的问题。

中国汽车技术研究中心有限公司汽车测评管理中心在国家科技部课题的支持与指导下，联合行业企业，深入研究智能网联系统的用车场景与技术特点，制定了 C-ICAP《中国智能网联汽车技术规程》(以下简称 C-ICAP（1.1 版）)，用以对智能网联汽车的整车性能进行“独立、公正、专业”的综合评价。C-ICAP（1.1 版）对辅助驾驶、智慧座舱 2 个单元进行评价。辅助驾驶单元在既有的基础行车辅助、基础泊车辅助评价基础上，引入领航行车辅助、记忆泊车辅助 2 个高级别辅助驾驶评价专项内容；智慧座舱单元包括智能交互、智能护航和智慧服务 3 个必测项，如图 1-2-4 所示。

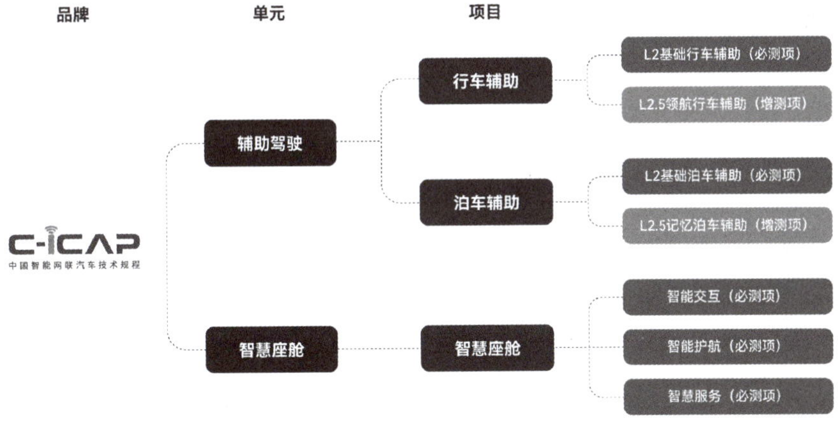

图 1-2-4　C-ICAP 测试体系

随着行业智能网联汽车技术的不断进步与消费者对更好的“智能化、网联化”汽车产品的期望提升，C-ICAP 将不断完善和提升，持续推动智能网联汽车用户满意度，引领汽车技术发展，推动智能网联汽车企业不断提升创新能力，培育产品品牌影响力。

2. IVISTA《中国智能汽车指数》

IVISTA《中国智能汽车指数》是中国汽车研究院在中国汽车工业协会和中国汽车工程学会指导下，基于我国第二个国家智能汽车试验示范区，与召回中心国家车辆事故深度调查体系（NAIS）、保险、高校等开展跨领域多元合作，结合中国自然驾驶数据和交通事故数据研究成果，自 2017 年打造的全球首个面向消费者的公平、公正、专业、权威的智能网联汽车第三方测试评价体系。

2023 版 IVISTA《中国智能汽车指数-智能安全分指数规程》包含八个测试项目：紧急避险、车道辅助、侧向辅助、乘员监测、智能行车、智能泊车、智能交互和智能效能，最终将会根据八大分指数评价结果综合评定最高评级为“5 星智能”。图 1-2-5 所示为极狐阿尔法 S（2022 款 HI 版高阶版）的最终测试结果和测试场景。

图 1-2-5　极狐阿尔法 S 的最终测试结果和测试场景

任务实施：根据 C-NCAP 管理规则对测试车辆进行整备

1. 车辆轮胎状态确认

车辆轮胎状态确认见表 1-2-2。

表 1-2-2　车辆轮胎状态确认

根据实际情况在“□”位置上打“√”	
轮胎的大小、速度及载荷等级	245/45R19 98V□　其他□
轮胎的供应商和型号	马牌□　固特异□
轮胎花纹磨损程度较小	是□　否□
前后轮胎胎压是否为 250 kPa	是□　否□

2. 整车状态确认

整车状态确认见表 1-2-3。

表 1-2-3　整车状态确认

根据实际情况在“□”位置上打“√”，或直接填写检查结果	
剩余电量大于 90%	是□　否□
检查全车油、水，并在必要时将其加至最高限值	是□　否□
试验车辆内已载有备胎（如果有此配置）和随车工具	是□　否□
车内除了测试设备不应再有其他物品	是□　否□
测量车辆前后轴荷并计算车辆总质量（有条件测量）	前轴荷____；后轴荷____

3. 轮胎动态准备

驾驶试验车辆沿直径为 20 m 的圆环顺时针方向行驶 3 圈，然后按逆时针方向行驶 3 圈；行驶速度应使车辆产生 0. 5 g~0. 6 g 的侧向加速度。侧向加速度对于测试技术人员很难具体实现，因此可以通过侧向加速度与转弯半径进行计算。侧向加速度以 0. 5g 计算，则向心加速度为

$$a=9.8\ \mathrm{m/s^2}\times0.5=4.9\ \mathrm{m/s^2}$$

需要试验车辆行驶车速的计算过程如下：

$$v=\sqrt{a\times R}=\sqrt{4.9\ \mathrm{m/s^2}\times10\ \mathrm{m}}=7\ \mathrm{m/s}\approx25\ \mathrm{km/h}$$

采用频率为 1 Hz 的正弦转向输入，以 56 km/h 的车速进行试验，转向盘转角峰值时应使车辆产生 0. 5g~0. 6g 的侧向加速度，共进行 4 次试验，每次试验由 10 个正弦循环组成。侧向加速度对于测试技术人员来说很难具体实现，因此可以通过对车速与转弯半径进行测试来得到转向盘转角，进行计算得到转弯半径约为 50 m，然后由转动转向盘实现沿直径为 100 m的圆环行驶并记录转向盘转动角度。在进行最后一次试验的最后一个正弦循环时，其转向盘转角幅值是其他循环的两倍，即转向盘转角变为原来的二倍。

轮胎动态准备见表 1-2-4。

表 1-2-4 轮胎动态准备

根据实际情况在“□”位置上打“√”，或直接填写检查结果	
驾驶试验车辆沿直径为 20 m 的圆环以 25 km/h 的速度顺时针方向行驶 3 圈，然后按逆时针方向行驶 3 圈	顺时针方向行驶 3 圈完成□ 逆时针方向行驶 3 圈完成□
采用频率为 1 Hz 的正弦转向输入，以 56 km/h 的车速进行试验，转向角度通过测量得到，共进行 4 次试验，每次试验由 10 个正弦循环组成	完成□　　否□
在进行最后一次试验的最后一个正弦循环时，其转向盘转角幅值是其他循环的两倍	完成□　　否□

思考与练习

一、问答题

1. 智能驾驶测试包含哪四个环节？
2. 国内目前有哪两个智能网联汽车评价体系？

附件 A 智能网联汽车现行和在研的标准清单

分类	标准项目	标准类型	计划号/标准号	相应的国际或国外标准号
基础	术语和定义			
	智能网联汽车 术语和定义	国标（推荐）	20203968-T-339	
	道路车辆 先进驾驶辅助系统（ADAS）术语及定义	国标（推荐）	GB/T 39263—2020	
	分类和分级			
	汽车驾驶自动化分级	国标（推荐）	GB/T 40429—2021	ISO/SAE PAS 22736
	智能网联汽车 自动驾驶系统设计运行条件	国标（推荐）	20230388-T-339	ISO 34503
	符号和编码			
	智能网联汽车 操纵件、指示器及信号装置的标志	国标（推荐）	20203960-T-339	
通用规范	功能安全与预期功能安全			
	道路车辆 功能安全 第 1 部分：术语 第 2 部分：功能安全管理 第 3 部分：概念阶段 第 4 部分：产品开发：系统层面 第 5 部分：产品开发：硬件层面 第 6 部分：产品开发：软件层面 第 7 部分：生产、运行、服务和报废 第 8 部分：支持过程 第 9 部分：以汽车安全完整性等级为导向和以安全为导向的分析 第 10 部分：指南 第 11 部分：半导体应用指南 第 12 部分：摩托车的适用性	国标（推荐）	GB/T 34590. 1—2022 GB/T 34590. 2—2022 GB/T 34590. 3—2022 GB/T 34590. 4—2022 GB/T 34590. 5—2022 GB/T 34590. 6—2022 GB/T 34590. 7—2022 GB/T 34590. 8—2022 GB/T 34590. 9—2022 GB/T 34590. 10—2022 GB/T 34590. 11—2022 GB/T 34590. 12—2022	ISO 26262
	道路车辆 电子电气系统 ASIL 等级确定方法指南	国标（指导）	GB/Z 42285—2022	
	道路车辆 功能安全审核及评估方法 第 1 部分：通用要求 第 2 部分：概念阶段和系统层面 第 3 部分：软件层面 第 4 部分：硬件层面	国标（推荐）	20203971-T-339 20203966-T-339 20203964-T-339 20203965-T-339	
	道路车辆 预期功能安全	国标（推荐）	20203970-T-339	ISO 21448
	网络安全与数据安全			
	汽车整车信息安全技术要求	国标（强制）	20214422-Q-339	UN R155
	汽车软件升级通用技术要求	国标（强制）	20214423-Q-339	UN R156
	道路车辆 信息安全工程	国标（推荐）	20230389-T-339	ISO 21434
	汽车信息安全应急响应管理规范	国标（推荐）	20213611-T-339	
	汽车信息安全通用技术要求	国标（推荐）	GB/T 40861—2021	

续表

分类	标准项目	标准类型	计划号/标准号	相应的国际或国外标准号
通用规范	车载信息交互系统信息安全技术要求及试验方法	国标（推荐）	GB/T 40856—2021	
	电动汽车远程服务与管理系统信息安全技术要求及试验方法	国标（推荐）	GB/T 40855—2021	
	汽车网关信息安全技术要求及试验方法	国标（推荐）	GB/T 40857—2021	
	电动汽车充电系统信息安全技术要求及试验方法	国标（推荐）	GB/T 41578—2022	
	汽车诊断接口信息安全技术要求及试验方法	国标（推荐）	20211169-T-339	
	智能网联汽车 数据通用要求	国标（推荐）	20213606-T-339	
	人机交互（座舱交互）			
	道路车辆 免提通话和语音交互性能要求及试验方法	国标（推荐）	20213581-T-339	
	地图与定位			
	车载定位系统技术要求及试验方法第 1 部分：卫星定位		20221438-T-339	
	产品与技术应用-信息感知与融合-雷达与摄像头			
	汽车用超声波传感器总成	国标（推荐）	GB/T 41484-2022	
	车载激光雷达性能要求及试验方法	国标（推荐）	20230386-T-339	
	车载毫米波雷达性能要求及试验方法	行标（推荐）	2021-1123T-QC	
	汽车用主动红外探测系统	国标（推荐）	20193383-T-339	
	汽车用被动红外探测系统	国标（推荐）	20193384-T-339	
	汽车用摄像头	行标（推荐）	QC/T 1128-2019	
	产品与技术应用-信息感知与融合-车载信息交互终端			
	车载无线通信终端	国标（推荐）	20193386-T-339	
	产品与技术应用-信息感知与融合-感知融合			
	汽车事件数据记录系统	国标（强制）	GB 39732—2020	UN R160
	先进驾驶辅助-信息辅助			
	汽车全景影像监测系统性能要求及试验方法	国标（推荐）	20203958-T-339	
	乘用车夜视系统性能要求与试验方法	国标（推荐）	20203963-T-339	
	道路车辆 盲区监测（BSD）系统性能要求及试验方法	国标（推荐）	GB/T 39265—2020	UN R151
	乘用车车门开启预警系统性能要求及试验方法	国标（推荐）	20205126-T-339	
	乘用车后方交通穿行提示系统性能要求及试验方法	国标（推荐）	20205125-T-339	
	驾驶员注意力监测系统性能要求及试验方法	国标（推荐）	GB/T 41797—2022	
	先进驾驶辅助-控制辅助			
	乘用车自动紧急制动系统（AEBS）性能要求及试验方法	国标（推荐）	GB/T 39901—2021	UN R152
	商用车辆自动紧急制动系统（AEBS）性能要求及试验方法	国标（推荐）	GB/T 38186—2019	UN R131
	乘用车车道保持辅助（LKA）系统性能要求及试验方法	国标（推荐）	GB/T 39323—2020	ISO 22735
	商用车辆车道保持辅助系统性能要求及试验方法	国标（推荐）	GB/T 41796—2022	UN R130

续表

分类	标准项目	标准类型	计划号/标准号	相应的国际或国外标准号
通用规范	汽车智能限速系统性能要求及试验方法	国标（推荐）	20203961-T-339	
	智能泊车辅助系统性能要求及试验方法	国标（推荐）	GB/T 41630—2022	
	智能网联汽车 组合驾驶辅助系统技术要求及试验方法 第 1 部分：单车道行驶控制 第 2 部分：多车道行驶控制	国标（推荐）	20213607-T-339 20213610-T-339	UN R79
	自动驾驶			
	智能网联汽车 自动驾驶系统通用技术要求	国标（推荐）	20213608-T-339	
	智能网联汽车 自动驾驶功能场地试验方法及要求	国标（推荐）	GB/T 41798—2022	
	智能网联汽车 自动驾驶功能道路试验方法及要求	国标（推荐）	20213609-T-339	
	智能网联汽车 自动驾驶数据记录系统	国标（推荐）	20214420-Q-339	
	网联功能与应用			
	道路车辆 网联车辆方法论	国标（推荐）	GB/T 41901. 1—2022 GB/T 41901. 2—2022	ISO20077-1 ISO20077-2
	车载事故紧急呼叫系统	国标（强制）	20230441-Q-339	UN R144
	车载专用无线短距传输系统技术要求和试验方法	行标（推荐）	2021-0135T-QC	
	基于 LTE-V2X 直连通信的车载信息交互系统技术要求及试验方法	国标（推荐）	20230390-T-339	
	资源管理与应用			
	车载有线高速媒体传输系统技术要求及试验方法	行标（推荐）	2021-1122T-QC	
	道路车辆 基于因特网协议的诊断通信（DoIP） 第 2 部分：传输协议与网络层服务 第 3 部分：基于 IEEE 802. 3 有线车辆接口 第 4 部分：基于以太网的高速数据链路连接器	国标（推荐）	20211165-T-339 20211163-T-339 20213576-T-339	ISO 13400

模块二

智能网联汽车场地测试仪器的使用

项目一 智能网联汽车测试场景测试工具的使用

任务目标

1. 了解用于测试场景布置的软目标物；
2. 了解当前软目标物能够实现的功能；
3. 具备测试场景设备安装与调试的能力；
4. 能够应用软目标平台协助智能网联汽车测试工作。

任务导入

当我们要对智能网联汽车的自动紧急制动系统进行测试时如何能够保证安全，我们不能把真车或真人作为目标进行测试，因此为了保护测试车辆并完成测试，有关公司开发了可移动软目标物。那么什么是可移动软目标物？软目标物都有哪些类型？如何去搭建软目标行人运动平台来完成行人横穿场景的设置？

知识储备

一、场地测试的测试工具

在智能网联汽车的实车封闭场地测试中，为了保障被测车辆以及测试人员的安全性，并能够按照场景设计完成测试项目，需要使用测试仪器搭建测试场景。这里面的测试工具的作用是代替动态的交通参与者，例如车辆、行人、骑自行车的行人、骑电动车的行人，并能够按照测试用例精确地完成动态任务，如图 2-1-1 所示。智能网联汽车测试工具以测试假人、测试假车及其运动平台为主。

图 2-1-1 AB Dynamics 公司的 ADAS 测试行人软目标

1. 汽车目标物

汽车目标物（vehicle target，VT）是为智能网联汽车封闭场地测试而开发出的目标物，在视觉外观、雷达反射属性、外观尺寸等与真实汽车具有一致性。在美国高速公路安全管理局 NHTSA 交通拥堵辅助系统研发测试草案（NHTSA，2019）中所定义的，适当的替代车辆必须具有以下属性。

（1）从任何接近角度观察时，都具有准确的物理特性（例如，视觉、尺寸）。

① 车身面板和后保险杠应为白色。

② 应存在模拟的车身面板间隙。

③ 模拟的后玻璃和轮胎应为深灰色或黑色。

④ 应安装后置的美国规范的牌照或反光模拟牌照。

（2）当毫米波雷达（24 GHz 和 76~77 GHz 频带）和基于激光雷达的传感器从任何接近角度观察时，反射特性代表高容量乘用车。

（3）在每个测试系列中保持一致的形状（例如，视觉、尺寸、内部和从雷达传感角度）。

（4）能够抵抗常见的轿车、越野车和货车反复撞击造成的损坏。

（5）即使在多次撞击的情况下，对被测车辆造成的损害也很小甚至没有。

汽车目标物目前有三种类型，一种是仿真气球车（EVT），另外一种是完整软体目标车（GVT），最后一种是低成本泡沫目标车（MD），下面主要讲解前两种。

1）仿真气球车（EVT）

仿真气球车的外观如图 2-1-2 所示，开发用于模拟标准量产车车尾 C 柱后的部分，适用于激光雷达、毫米波雷达和基于图像传感器的智能网联汽车先进辅助驾驶系统测试，外观上印有大众汽车的 Euro-NCAP 特定图像，并采用反射元件来协助基于雷达识别的技术，同时具备与该部分相同的雷达特征、雷达反射率以及相同的视觉特征；在测试中能够承受最大 50 km/h 的碰撞，可牵引速度达到 80 km/h。仿真气球车的外观看起来就像一个方盒子，但其为了满足与真车一致的感知特性，在内部结构上做了很多设计，因此在使用时为保证测试严谨，一定要对其结构进行检查。仿真气球车的设计结构如下：

（1）首先充气部分由一层 PVB 材料的蒙皮覆盖，内部空心类似气球，外观尺寸为 1 600 mm宽、1 350 mm 高、1 000 mm 长，重量为 74 kg。

（2）蒙皮内侧粘贴一层雷达波吸收材料，根据 ASTM-D 1692-68 和 EC712 标准要求制作。

（3）为了更好地模拟车辆外轮廓，面向被测车辆的外表面安装一块模拟的保险杠。

（4）在保险杠上安装一个三棱镜雷达反射器，反射器的内边长为 55 mm，模拟 77 GHz 下 2.5 m^2 的反射，反射器离地面高度 230 mm 且居中。

（5）保险杠上粘贴两条 1 360 mm×150 mm 的雷达反射膜。

（6）外罩由 550 g/m^2 的 PVC 材料制成，上面印制由 Euro-NCAP 提供的仿真车图案，全彩色印制，分辨率大于 100 dpi。

（7）在外罩图案上粘贴与尾灯反射率相同的反射膜，以满足 ECE104 的要求。

（8）在仿真气球车下方切一块模拟车辆阴影的雷达吸收垫，提高视觉上真实度的同时又不影响毫米波雷达的识别。

图 2-1-2　仿真气球车的外观

2）完整软体目标车（GVT）

完整软体目标车 GVT 是一个三维的轿车模型，它是目前最有效的 ADAS 测试目标，而且能够与无人驾驶机器人平台配合实现自动驾驶功能场景测试，如图 2-1-3 所示。

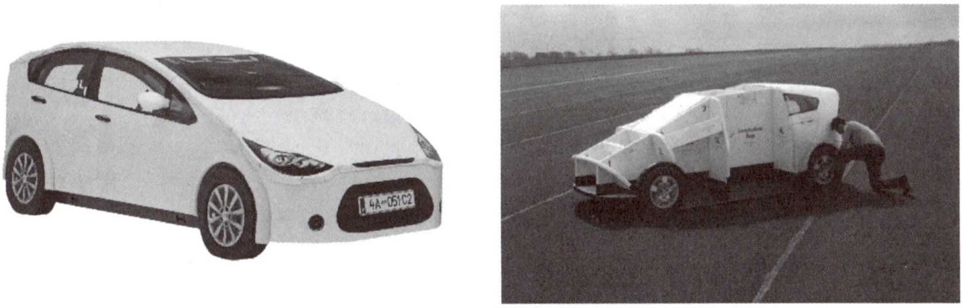

图 2-1-3　完整软体目标车 GVT 外形及其拼装结构

3D 目标车（GVT 的商品名称）是由 Euro-NCAP、NHTSA 和 IIHS 联合推出的 ADAS 测试设备，其能够应用到除了 AEB 追尾测试工况的其他更多的 ADAS 测试场景，例如车道保持系统、盲区监测系统以及后方来车预警系统等多车交互的复杂 ADAS 功能测试场景。所以，3D 目标车的应用范围相比 EVT 更加广泛。关于 GVT 选用 Ford Fiesta 作为其外观选型的解释是，在欧洲的车辆中，类似于嘉年华的这种两厢车比较常见，同时虽然 Ford Fiesta 与其他类型的车辆在外形、尺寸以及离地间隙上存在很大区别，但是就车体结构而言是相似的。因此，虽然它不能全面代表所有不同类型的车型，但是可以作为一个有效的测试设备。从 2015 年到 2018 年，Euro NCAP、NHTSA、IIHS 共同组织了多次评审，并且对目标车的雷达反射状态和视觉外观做了多次优化，其中也由多家汽车主机厂和系统供应商参与评价，确定 DRI 公司所推出的“Soft Car 360”型号 3D 目标车作为 GVT 的最终解决方案。

完整软体目标车 GVT 相比仿真气球车具有以下多个优点：

（1）完整软体目标车 GVT 具有紧凑型乘用车的特点，由泡沫面板和蒙皮组成，这些面板和蒙皮设计在碰撞时可分离，因其是拼接结构，故搭建更加简单快捷，重量更轻。

（2）完整软体目标车因具有完整的汽车形态，故空气动力学稳定，能够实现高速测试。

（3）因具备完整的汽车外观，故可以对车辆侧向碰撞、车辆翻倒等其他碰撞场景进行测试。

（4）GVT 的乙烯基外壳内使用雷达反射材料和雷达吸收材料的组合，可以实现适当的雷达特性。在内部，GVT 由乙烯基覆盖的泡沫结构组成。

2. 汽车目标物移动平台

在智能网联汽车先进辅助驾驶系统的测试中，除了对固定目标进行测试外，更需要对移动目标进行测试。如果想要让自身没有动力的车辆目标物移动起来，那就需要一个动力装置拖拽或者撑着目标车辆进行移动。AB Dynamics 的引导软目标车（GST）的设计用于车辆高级驾驶辅助系统（ADAS）测试，特别适用于车辆碰撞探测和碰撞缓冲系统的测试。引导软目标车是 AB Dynamics 与美国加利福尼亚州托伦斯动力研究有限公司（DRI）的合作产品。引导软目标车的设计使得高速碰撞可以在不对试验车造成重大损坏的情况下实现。它由一个外廓很低的底盘（车辆可以从上面辗压过去）和一个可分离的泡沫面板车身（或其他合适的载荷）组成，当测试车辆从这个低外廓的车辆上辗压过去时，车轮会缩进底架中来保护 GST 的悬架，并使试验车的悬架受到的可能冲击最小化。引导软目标车的外观如图 2-1-4 所示。

图 2-1-4　引导软目标车的外观

蔚来 ET5 ENCAP
主动安全测试场景

3. 行人替代物

图 2-1-5 所示为目前全球范围内最主流使用的可撞击的行人替代物——4active System 公司推出的主动安全测试假人，如图中标注 1 的静态成年行人假人（4active PS）、标注 2 的静态儿童行人假人（4active PS）、标注 3 的活动关节式行人假人（4active PA）、标注 4 的静态骑车行人假人（4active BS）以及标注 5 的静态踏板车假人（4active MC），假人主体由内部泡沫芯和一体式布罩组成，在碰撞车速低于 60 km/h 的情况下不会被撞坏，具备类似于人类的雷达反射、红外反射以及可视特征。4A 主动安全测试关节式假人主要参数见表 2-1-1。

图 2-1-5　4active System 公司推出主动安全测试假人

表 2-1-1　4A 主动安全测试关节式假人主要参数

技术信息	成人参数	儿童参数
身高/mm	1 800	1 154
肩宽/mm	500	298
躯干倾角/(°)	85	78
重量/kg	<7.5	<4
45°红外反射（850~910 nm）	40%~60%（衣服和皮肤）、20%~60%（头发）	
90°红外反射（850~910 nm）	40%~60%（衣服和皮肤）、20%~60%（头发）	
雷达反射（77 GHz 毫米波雷达测量）	腿部微观多普勒特征能够观测到类人的雷达横断面分布	
使用温度/℃	-5~40	
最大碰撞速度/($km \cdot h^{-1}$)	60	

静态成年/儿童行人假人（4active PS）（称为姿势可调）具有手臂和腿部，手臂和腿部可以在有限的运动范围内在肩部旋转，可在测试前手动将假人的手臂和腿部调整至模仿走动时的位置，但在测试过程中不会主动活动。

活动关节式行人假人（4active PA）在主要参数上与 4active PS 一样，采用模块化的设计，便于部件的更换，头部、手臂与腿部都可以通过电动机控制进行摆动，基本组合部件包括躯干×1、带电动机的髋部×2、腿部×2、手臂×2、伺服电动机×6、中心管×1、电池×1、拉线稳定装置×1、电子控制电源×1、遥控器×1。

静态骑车行人假人（4active BS）具有可转动车轮用于仿真，仍然采用模块化的设计系统，以便轻易更换配件，能够保证侧面 60 km/h 碰撞和追尾 45 km/h 下碰撞下不会损坏，且躯干可以调整不同的角度。

静态踏板车假人（4active MC）具有两种类型，一种是摩托踏板车且同时可以仿真两轮电动车，一种是骑行者低趴驾驶的摩托车。

4. 假人移动平台

从 2016 年起，Euro-NCAP 测试包含了由假人代替真正行人的自动紧急制动（AEB）试验，这种试验需要使用与测试车辆同步的可控制行人模型。在测试中，软碰撞行人目标（SPT）使用水平皮带推进系统，因而不需要高空门架（根据 Euro-NCAP 的观察，门架会影响测试结果），这也使软碰撞行人目标成为在任何测试跑道上都能快速安装的便携系统。

软碰撞行人目标使用标准的转向机器人电机和控制器作为驱动单元，用容易使用的上位机软件来设定软碰撞行人目标，以方便现有的用户熟悉运用。用户可以使用他们现有的转向机器人（SR60 或者 SR60Torus）来减少行人系统的费用，转向机器人可以简单、快速地在行人系统上安装和拆卸。此外，还有一款带有内置专用的电动机可供选择。

二、常见厂家

1. 4active System

4active System 公司是主动车辆安全先进测试技术的市场领导者，提供创新性的测试解决方案，旨在协助开发企业减少道路死亡人数，保证测试工作的安全性，并符合全球范围内的最高国际标准。4active Systems 致力于开发标准接口并开放给相关企业，以实现不同的开发工具间的无缝连接。

4active System 公司为先进辅助驾驶系统（ADAS）和自动驾驶（AD）测试提供高度自动化的机器人平台，该机器人平台完全符合 Euro-NCAP VRU 和相关 ISO 标准；除了精确的动态运动轨迹跟踪外，能够提供先进的测试技术来支持实时监控、自动报告、开放接口（OTX）和开放连接（Mesh）。

2. AB Dynamics

AB Dynamics 成立于 1982 年，是一家汽车工程咨询公司，已稳步发展成为世界上最值得信赖的汽车测试系统供应商之一，客户包括全球前 25 的汽车制造商，以及七个欧洲 NCAP 实验室和众多政府测试机构。

AB Dynamics 成立于 1982 年，是一家位于英国的技术领先的汽车技术与工程咨询公司，专注于为全球汽车行业提供先进的测试和仿真解决方案，已稳步发展成为世界上最值得信赖的汽车测试系统供应商之一。自成立以来，该公司一直致力于开发创新的产品和服务，帮助汽车制造商、供应商和研究机构进行安全性能测试、驾驶员辅助系统评估和自动驾驶技术验证。

作为全球市场上的领导者之一，AB Dynamics 在汽车动态控制系统和先进驾驶辅助系统的开发方面拥有丰富的经验。它们的产品范围包括高精度的车辆运动平台、传感器模拟器、数据采集系统和虚拟仿真软件。这些创新解决方案使客户能够在实际道路环境之外进行安全性能测试，并进行各种复杂的交通场景模拟。

AB Dynamics 的车辆运动平台是其核心产品之一，可模拟各种驾驶情况，如制动、转弯、加速等，以及特殊路况，如湿滑路面或急转弯。这些平台具有高度可控性和准确性，可以为客户提供真实的道路体验，同时保证测试的安全性。

此外，AB Dynamics 还开发了一系列传感器模拟器，用于测试驾驶辅助系统。这些模拟器能够精确模拟各种环境条件和交通场景，并生成准确的传感器数据，帮助客户评估和改进他们的系统性能。

3. 湖南立中科技有限公司

湖南立中科技有限公司依托于湖南大学汽车车身国家重点实验室，与美国国家碰撞分析中心、美国 LSTC 公司、美国 KSS 公司、中国台湾微捷公司及法国 Atair 公司等机构展开了密切合作。

公司目前主要产品包括两类：一是智能驾驶测试设备，其主打产品主要有智能超平承载机器人、各种软体目标物及其施博系统等，这些设备填补了国内市场的空白，经院士专家团队评价，其整体性能达到国际先进水平，在结构优化技术和环境适应性方面达到国际领先水平，已经为华为、百度、国汽智联、中国汽研、中汽中心等 50 余家企业和研究机构供货；二是智能驾驶与智能乘员约束系统等多款产品国内领先或填补国内外空，已获得多家汽车企业青睐，批量为郑州日产、奇瑞、中车、中联、中集瑞江能等公司供货。其中，主动预紧式安全带已经通过专利许可方式与国内汽车安全带龙头企业重庆光大合作进行产业化。

三、软目标行人运动平台的搭建

软目标行人运动平台如图 2-1-6 所示。

图 2-1-6　软目标行人运动平台

1. 软目标行人运动平台的组成结构

软目标行人运动平台由电控驱动系统、高精定位与无线设备、软体目标特征物、托板系统、启动与复位光栅、皮带轮系统、配重系统、转角模块系统、皮带卷收器和电源系统等组成。

（1）电控驱动系统：由控制器、电机、电机驱动器、系统开关、电控驱动系统集成板等组成，用于实现行人的运动控制，图 2-1-7 所示为湖南立中汽车科技有限公司的软目标行人运动平台电控驱动系统。

（2）高精定位与无线设备：用于获取自动驾驶机器人与行人的位置、速度等信息，为电动机控制系统提供控制行人运动所需的数据。

（3）软体目标特征物：类人的雷达、红外和视觉特征，其腿部可以通过控制腿部驱动电机及运动机构进行摆动，从而模仿人类行走或骑行。

（4）托板系统：用于托举仿真假人，固定、释放快捷，可实现与软体目标特征物的快速脱离。其零件采用特殊耐磨材料制作，且拆换方便。如图 2-1-8 所示。

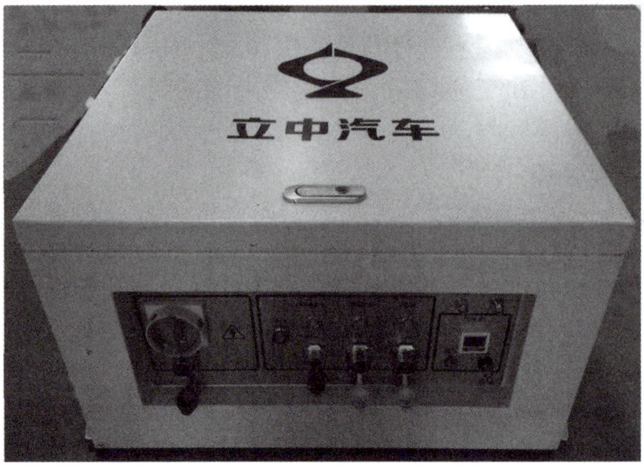

图 2-1-7　湖南立中汽车科技有限公司的软目标行人运动平台电控驱动系统

图 2-1-8　托板系统

（5）皮带轮系统：采用多个皮带轮和引导机构，确保皮带能够沿直线运动，从而保证假人沿皮带稳定行进。

（6）配重系统：确保机构运行的稳定，消除测试地面摩擦系数不同的影响。

（7）转角模块系统：由转角端及其相关惰轮机构组成，主要实现皮带 90°转向，转角模块系统如图 2-1-9 所示。

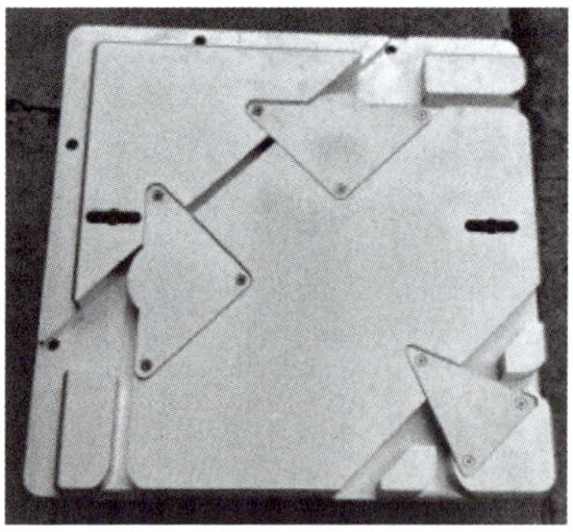

图 2-1-9　转角模块系统

（8）皮带卷收器：主要是方便皮带的存储，防止在收卷过程中打结，如图 2-1-10 所示。

（9）电源系统：可采用三种方式供电，即 220 V 市政供电、发电机供电及安全可靠的常规锂电池供电。

图 2-1-10　皮带卷收器

任务实施：软目标行人移动平台搭建

任务采用湖南立中科技

一、前期准备

在进行软目标行人移动平台搭建工作之前需要将设备准备工单准备好，并在准备工单上进行记录。

在安装之前请同学们学习以下安全注意事项：

（1）设备安装前需要进行断电操作；

（2）设备安装时需要穿着工装并佩戴手套。

前期设备准备工单见表 2-1-2。

表 2-1-2　前期设备准备工单

类型	名称	使用位置	操作记录
行人移动平台组装设备	行人检测装置主驱动端	道路	是否已领取 □
	行人检测装置被动端	道路	是否已领取 □
	假人托盘	道路	是否已领取 □
	假人	道路	是否已领取 □
	同步带	道路	是否已领取 □
	配重块	道路	是否已领取 □
	启动光栅（光栅模式使用）	道路	是否已领取 □
	复位光栅（光栅模式使用）	道路	是否已领取 □
车载定位系统	车载定位导航模块（惯导模式）	被测车辆内安装	是否已领取 □
	惯性导航模块（惯导模式）	被测车辆内安装	是否已领取 □
	惯性导航天线（惯导模式）	被测车辆内安装	是否已领取 □
	车载无线通信盒（惯导模式）	被测车辆内安装	是否已领取 □
	车载惯性解散控制箱（惯导模式）	被测车辆内安装	是否已领取 □

续表

类型	名称	使用位置	操作记录
辅助设备	供电设备（户外电源）	道路两侧	是否已领取 □
	遮雨棚	道路两侧	是否已领取 □
工具	内六角扳手	工具	是否已领取 □
	软胶锤	工具	是否已领取 □

二、软目标行人移动平台硬件搭建实操演练

1. 安装软目标行人移动平台主驱动端和软目标行人移动平台被动端

以行人横穿场景测试为例，在车辆前进方向道路最右侧远端放置软目标行人移动平台主驱动端，使用专用搬运钩具将被动端拖拽至与主驱动端沿道路的对称端，并确保主驱动端和被动端保持在一条直线上。软目标行人移动平台相对被测车辆放置位置如图 2-1-11 所示。

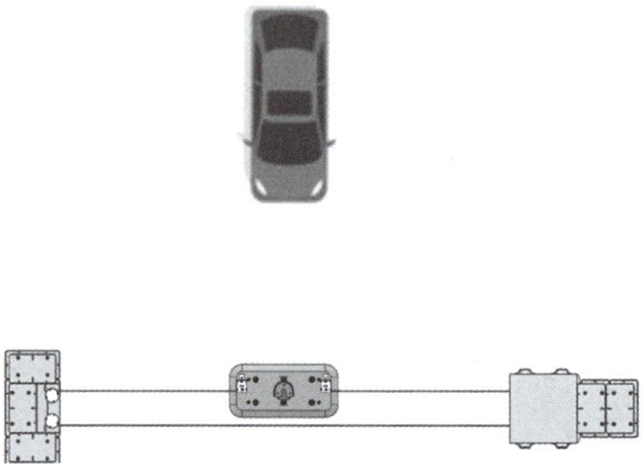

图 2-1-11　软目标行人移动平台相对被测车辆放置位置

以跟随场景测试为例，需要在拖拽平台与主驱动端增加转角模块，利用转角模块将拖拽方向与假人托盘的运动方向成 90°夹角。跟随场景软目标行人移动平台相对被测车辆放置位置如图 2-1-12 所示。

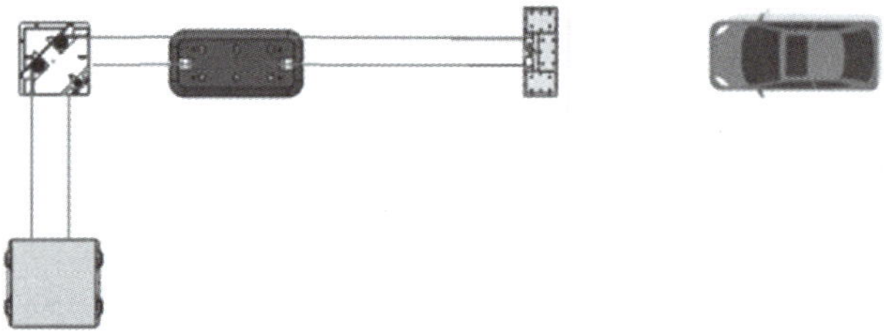

图 2-1-12　跟随场景软目标行人移动平台相对被测车辆放置位置

2. 安装同步带、假人托盘以及配重块

由两人将软目标行人移动平台主驱动端抬起，将同步带从主驱动端进入端插入，之后拨动拨轮将同步带套入同步轮中，同时绕过张紧轮，再拨动拨轮，将同步带套入同步轮，再从主驱动端出口端引出同步带。完成后，将引出的同步带牵引至被动端入口，穿过导轮后从被

动端出口穿出。最后将同步带两端分别固定在假人托盘的两侧，通过内六角扳手将同步带压紧。

将配重块用专用拖拽钩分别牵引至主驱动端和被动端，将配重块搬运到主驱动端和被动端上面。

3. 安装软体目标物

将马蹄形磁铁安装在假人托盘表面，这里需要注意马蹄形磁铁开口方向须与测试车辆行进方向保持一致，以防止被测车辆与假人发生碰撞的情况下软体目标物不能自动脱离，造成软体目标物被车辆碾压损坏，抑或是造成马蹄形磁铁受力后飞离托盘，造成意外伤害，如图 2-1-13 所示。之后将软体目标物（成人假人、儿童假人、骑自行车假人或骑电动车假人）的支撑杆底部嵌入假人托盘表面的马蹄形磁铁槽内，用软胶锤轻轻敲击至支撑杆底部全部嵌入进去。最后将辅助固定小磁铁安装到位，通过调节假人脖子部位安装的魔术贴进行假人固定绳松紧调节，如图 2-1-14 所示。

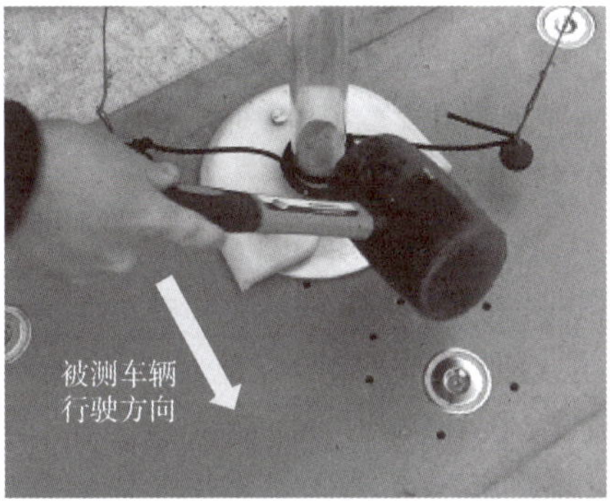

图 2-1-13 马蹄形磁铁安装方向

图 2-1-14 辅助小磁铁安装位置

4. 电气接线

主驱动端电气接口如图 2-1-15 所示，各电气接口说明如下：

（1）22 V 电源接口：主驱动端采用 220 V 交流电的供电方式，注意必须有接地线，用线规格要求为 2.5 mm^2 的线径，在正确连接电源线后，电源指示灯会自动亮起绿灯。

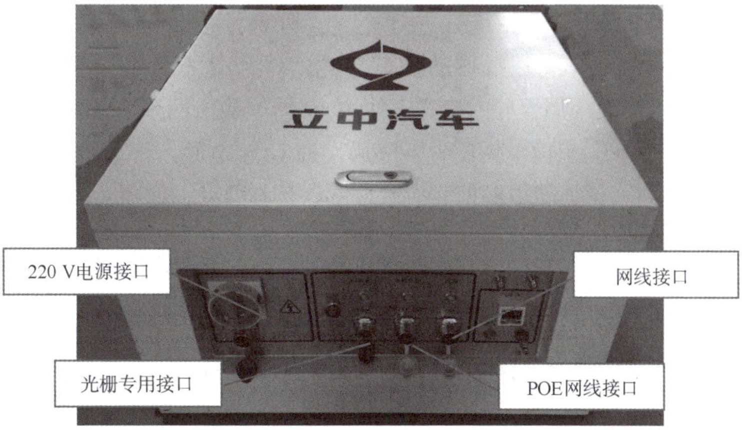

图 2-1-15 主驱动端电气接口

该设备系统中提供了动力电源供电模块，用于给主驱动端供电，动力电源供电模块包含逆变器和动力电源以及充电器，如图 2-1-16 所示。

图 2-1-16 动力电源供电模块

1—逆变器；2—动力电池；3—充电器

动力电源的使用需要同学着重注意，由于涉及高压电使用安全，故需要注意以下四点：

① 动力电源在通过连接线与逆变器连接时一定要连接正确，正极对正极、负极对负极；

② 动力电源的双充电接口，其中一个为备用，使用时任意接一个即可，但禁止同时连接两个充电接口；

③ 动力电源的双开关，其中一个为备用，使用时任意按下其中一个即可；

④ 动力电源应以 35%~50% 的荷电态进行储存，使用前可提前充电至 90% 左右，以延长电源使用寿命，储存温度在 -10~40 ℃，使用温度在 -10~60 ℃，充电温度在 0~50 ℃，储存环境要求为干燥、清洁、通风的室内，不受阳光直晒，远离热源，避免尖锐物体撞击、挤压等。

（2）POE 网线接口：POE 网线接口是为了连接无线网桥 AP 的供电和通信，连接后注意观察无线网桥 AP 的信号灯及电源信号灯是否亮起。若不亮，则检查 POE 网线接口是否正常。无线网桥 AP 用于提供方圆 1 km 范围内的无线 WiFi 信号，若不考虑使用无线 WIFI 连接测试电脑，则可使用网线通过网线接口直接连接测试电脑。

（3）充气筒及气压表用于调节 AEB 行人测试装置主动端内部同步带张紧，当气压表气压数值显示值低于 40 kPa 时，需要及时进行充气，以保证皮带处于张紧状态，防止设备运行过程中出现同步带跳齿或移动托盘抖动状态，避免对测试过程产生影响。

（4）惯性导航联机步骤（惯性导航模式下使用）：惯导输出网线插入解算箱网口，接入 GPS 天线，将天线放置于测试车辆车顶中央位置，随后接通 GPS 电源，将车载无线 WiFi 插入解算箱网口并置于车顶，最后打开解算箱电源即完成硬件的连接与启动，如图 2-1-17 所示。

5. 软目标行人移动平台软件设置

（1）设置本机固定 IP 地址为 192.168.1.128，打开上位机软件，按操作界面设置好车宽、测试模式、行人速度等相关测试参数，按要求进行各种场景测试。

步骤一：打开用于测试的笔记本电脑，进入控制面板—网络连接—以太网属性—Internet 协议版本 4（TCP/IPV4）属性中，通过手动设置 IP 地址，将 IP 地址设置为 192.168.1.128，子网掩码为 255.255.255.0，默认网关为 192.168.1.1，设置如图 2-1-18 所示。

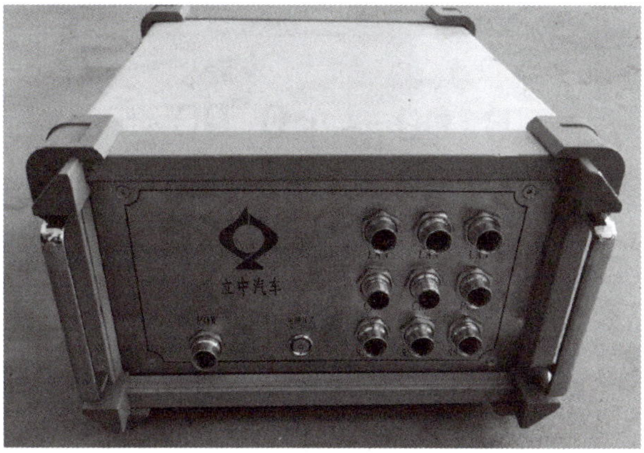

图 2-1-17　解算箱

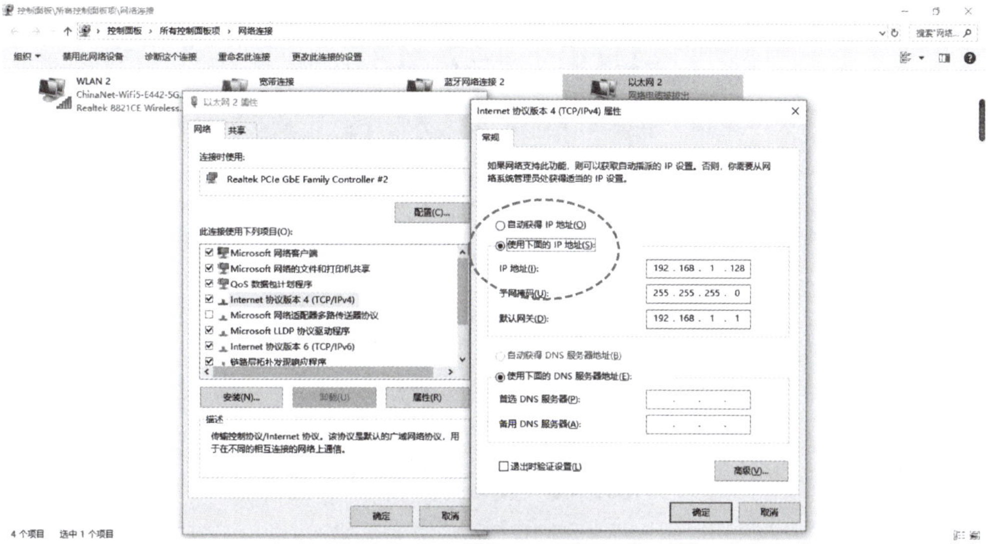

图 2-1-18　以太网属性设置

步骤二：在程序包中找到 AEB. exe 文件，双击文件（AEB. exe）打开上位机软件，打开上位机软件后显示如图 2-1-19 所示，并确认左上角指示灯状态。状态指示灯的正确状态应该为连接指示灯绿色、电机指示灯红色、电机报警指示灯绿色、GPS 连接指示灯绿色、PIC 指示灯绿色。

步骤三：鼠标单击“电机使能”按钮，目的是开启电机使能，单击后“电机使能”按钮将变成绿色，如图 2-1-20 所示。

步骤四：单击“电动设置”按钮，在弹出的对话框中对“点动距离”进行设置，点动距离的设置目的是调整单次手动控制假人移动的距离，主要用于将假人精确地移动到目标位置，图 2-1-21 所示为点动距离设置界面。

步骤五：单击界面中的向前和向后方向按钮，控制假人前后点动运行 2~3 m 的距离，检验软目标行人移动平台的基本功能是否正常工作，如图 2-1-22 所示。

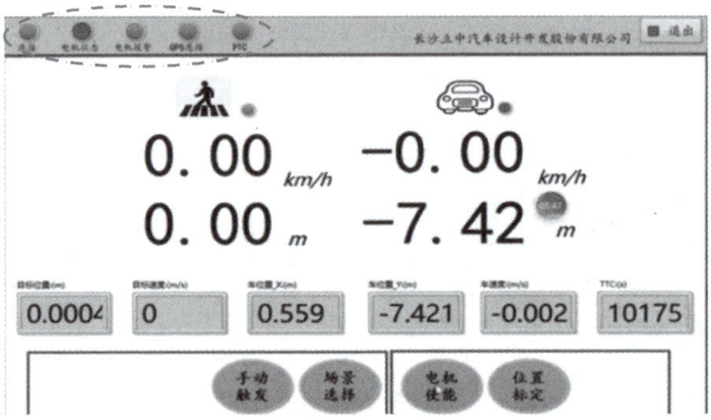

图 2-1-19　开启上位机软件后指示灯正常状态

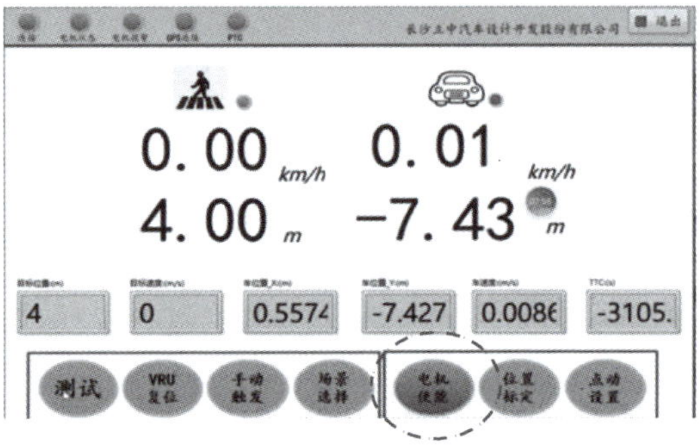

图 2-1-20　开启电机使能

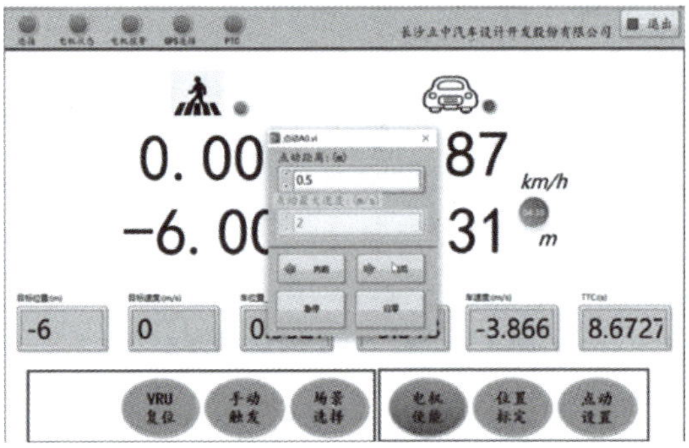

图 2-1-21　设置单次点动距离

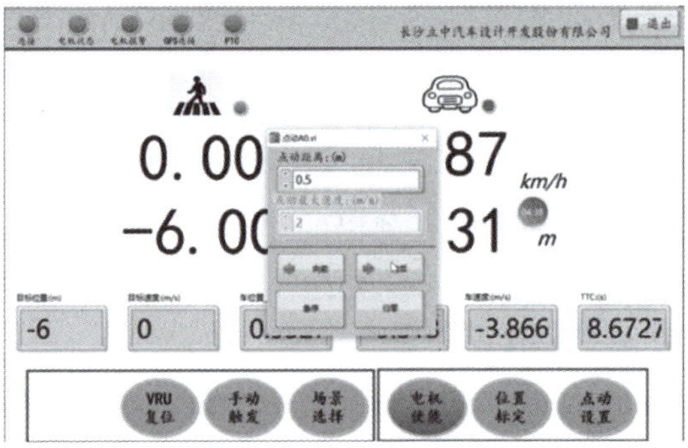

图 2-1-22　点动控制检验系统是否正常工作

步骤六：确认系统能够正常工作后进行标零，标零的目的是设置系统运动零点，将碰撞点设置为系统零点可以提高测试结果精度。单击“位置标定”按钮，弹出标定交互界面。下一步将假人托盘通过点动控制移动到碰撞位置点，将被测车辆前保险杠中点与假人托盘长边边缘重合，单击“行人标零”按钮和“GPS 标定原点”按钮，将当前的行人碰撞位置以及碰撞点的 GPS 定位作为零点，如图 2-1-23 所示。

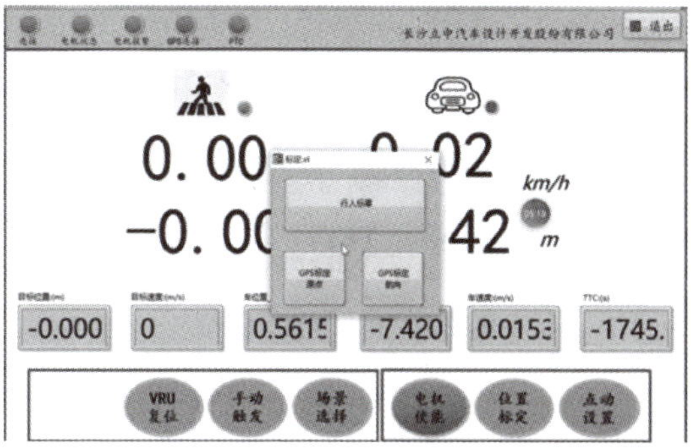

图 2-1-23　标零操作

步骤七：标定 GPS 航向，将测试车倒回测试起始点并摆正前进方向，单击“GPS 标定航向”按钮，利用软件对航向位置进行标定，如图 2-1-24 所示。

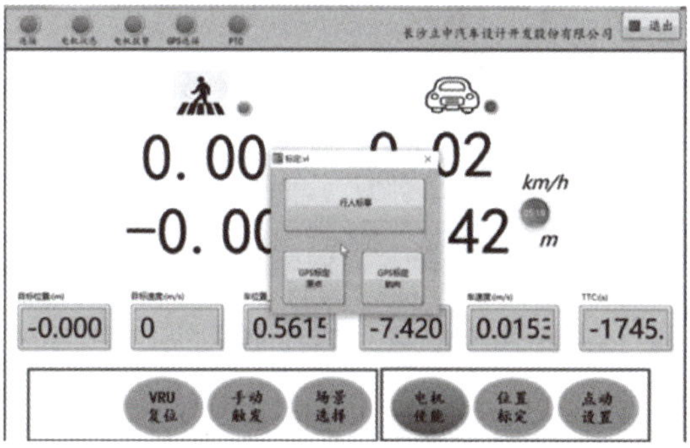

图 2-1-24　GPS 航向标定

步骤八：测试场景选择，单击“场景选择”按钮，在弹出的场景选择界面中对测试场景、标定车速进行设定，之后单击“确认”按钮，如图 2-1-25 所示。操作结束之后上位机界面下端最左侧出现“测试按钮”。

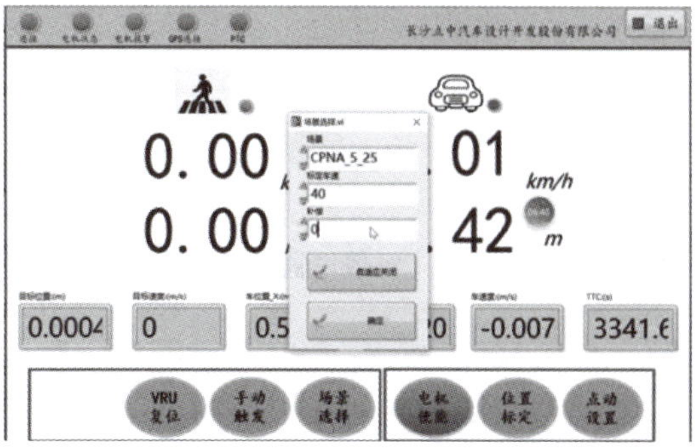

图 2-1-25　测试场景选择

步骤九：单击“VRU 复位”按钮，将软目标假人移动至测试假人出发点，同时测试人员将被测车辆行驶至车辆出发点（见图 2-1-26），至此测试场景初识状态布置完毕。

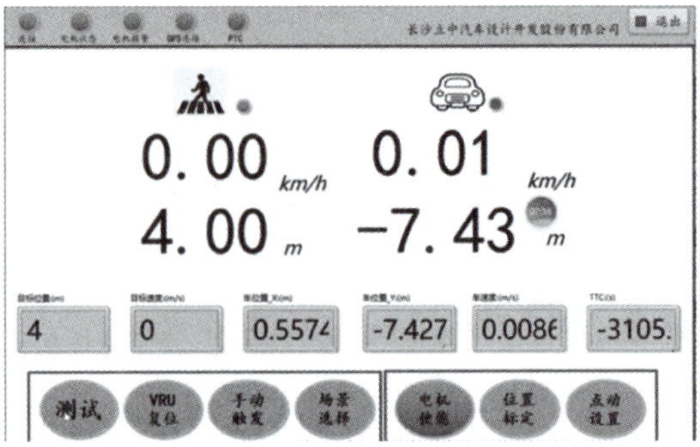

图 2-1-26　VRU 复位

步骤十：单击“测试”按钮开始测试，负责主驱动端的测试工作人员给被测车辆发送开始测试信号后开始测试，如图 2-1-27 所示。

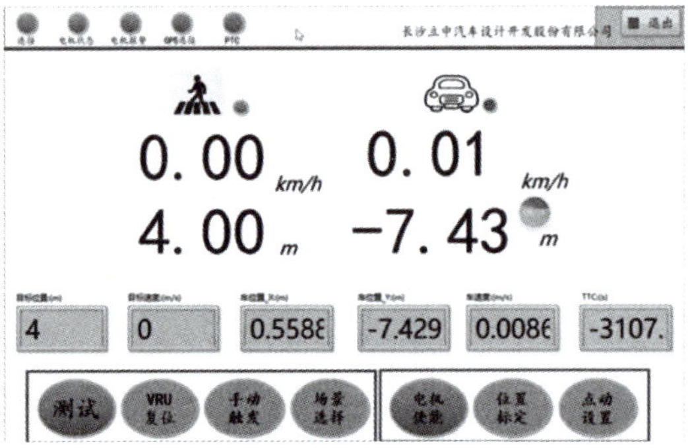

图 2-1-27　测试开始动作

步骤十一：如果需要重复进行当前场景测试，重新执行步骤九和步骤十即可。如果改变测试场景，单击“电机使能”按钮先关闭电机使能，之后进行场景选择后再重新单击“电机使能按钮”，最后重复步骤八至步骤十即可重新开始新场景的测试。

6. 上位机软件构建自定义场景方法

步骤一：找到软件包中的上位机软件“场景设置 . exe”，双击打开软件。图 2-1-28 所示为上位机软件图标。

图 2-1-28　场景设置上位机软件

步骤二：打开场景设置上位机软件后，在 AEB 场景配置程序中可设置的内容有场景名称、正增加控制点、删除控制点以及更改控制点。控制点的可设置内容有相对位置以及速度，其中相对位置是控制点相对于碰撞点的位置，速度的单位是 m/s，当假人从一个控制点移动到另一个控制点时，速度将会发生线性变化。如图 2-1-29 所示。

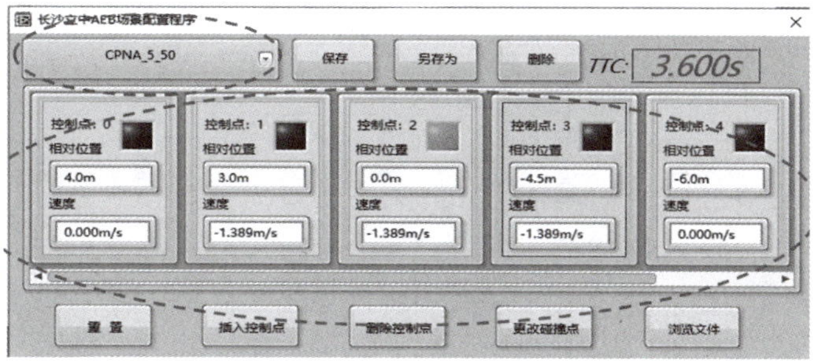

图 2-1-29　AEB 场景配置

步骤三：通过单击“更改碰撞点”按钮，按自定义需求更改碰撞点，如图 2-1-30 所示。目前系统中将 C-NCAP 的 AEB 测试场景内置，未来若国内外的评价规程或法规标准更新新的测试场景，则可以通过此方法自定义场景。

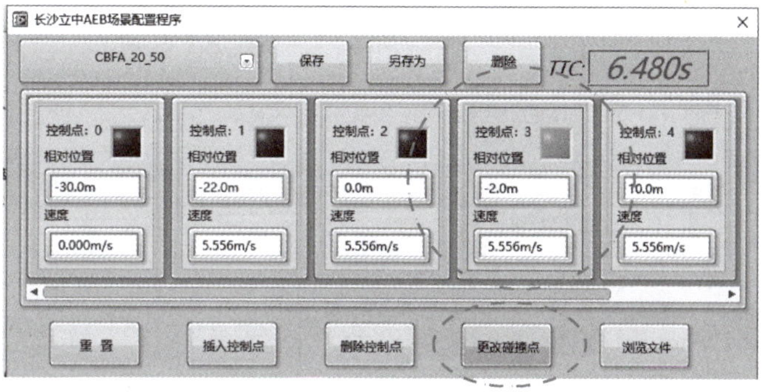

图 2-1-30　控制点参数更改

步骤四：单击“保存”按钮，保存设置好的场景参数，并可重新命名，最后单击“确认”按钮，如图 2-1-31 所示。

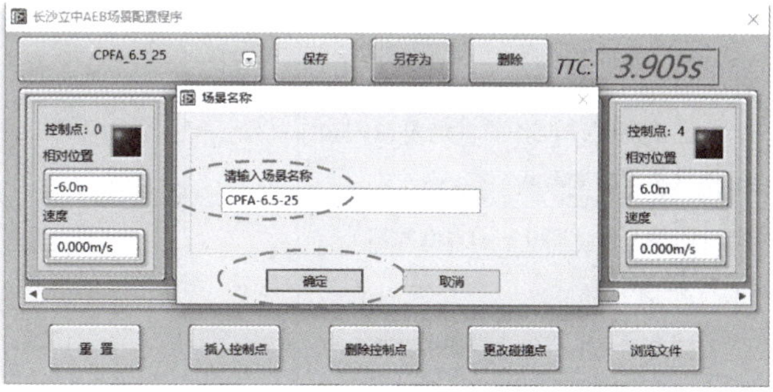

图 2-1-31　更改测试场景保存

步骤五：将新设置场景应用到测试上位机。在场景配置程序中单击“浏览文件”按钮，在弹出的文件夹中找到上一步骤设置场景名称的同名文件，例如“CPFA-6.5-25”，将该文件复制到 AEB 测试上位机软件的 Date 文件夹中即可，如图 2-1-32 所示。

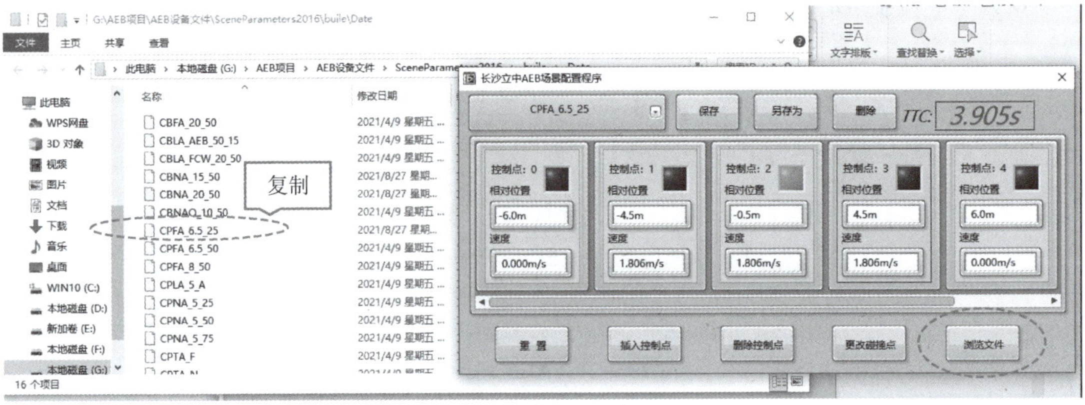

图 2-1-32　场景设置文件复制

步骤六：双击打开软件包中的“AEB. exe”上位机软件，重复上位机操作说明中的步骤一至步骤八。单击场景选择，在场景选择交互窗口中选择刚设置的场景文件，并设置所需的测试车速，最后单击“确认”按钮完成新场景的设置。

任务检查与评价

序号	作业内容	作业项目	分值	扣分	备注
1	安全准备	□规范着装入场（着装整洁、穿工作鞋、不佩戴首饰）			实训教师对学生进行检查
		□在测试场地是否有安全警示牌			
		□检查携带的安装工具是否齐全			如不齐全或不满足测试使用要求，由学生报告老师补齐或更换后检查
		□检查测试设备是否齐全且状态符合测试要求			
2	检查确认被测车辆与测试平台状态	□检查被测车辆是否有故障码			若有故障码，则会影响测试进行
		□检查测试设备的供电电源剩余电量是否满足测试要求			剩余电量至少 70%以上
		□检查确认 220 V 动力电源端子是否安全断开			
3	安装测试平台硬件	检查测试平台组成模块的状态 □外观结构 □机械损伤 □同步带是否有裂纹			如果同步带有裂纹，则可能在测试过程中崩断，造成安全危险

续表

序号	作业内容	作业项目	分值	扣分	备注
3	安装测试平台硬件	按照测试场景道路情况摆放移动平台的主要部件 □主驱动端 □被动端 □假人托盘			
		□安装同步带并在假人平台上用内六角扳手锁紧			
		安装软目标行人并确认安装牢固 □马蹄形磁铁嵌入是否牢固 □小磁铁是否吸牢			保证软目标行人在移动过程中未被碰撞而倒下
4	上位机软件设置测试场景	□通过上位机软件对测试场景进行设置			

项目二　智能网联汽车测试常见数据采集仪器的使用

任务目标

1. 了解常见的 CAN 数据采集设备有哪些；
2. 能够使用 CAN 数据采集设备进行采集。

任务导入

车厂技术人员要在智能网联汽车的封闭场地内对先进辅助驾驶系统进行测试。在被测车辆中构建测试数据采集系统，对 CAN 报文、位置信息、运动状态等信息进行采集和记录存储。

知识储备

一、CAN 总线分析仪的使用

CAN 总线分析仪是一种用于监测和分析 CAN（The Controller Area Network）总线通信的工具，一般应用于工业控制、实时通信、汽车电控设备开发及工业品开发等领域，它可以帮助工程师深入了解 CAN 总线的工作原理、诊断和调试 CAN 总线通信问题，适用于 ISO-11898 标准及 CAN2.0A、CAN2.0B 协议规范。

CAN 总线分析仪具有以下功能特点：

（1）实时监测：CAN 总线分析仪可以实时监测 CAN 总线上的数据帧，包括标准帧和扩展帧，以及相应的 CAN 信号和状态信息。

（2）数据解析：CAN 总线分析仪可以解析 CAN 数据帧，将其转换为易于理解的格式，如信号值、物理单位、状态等，方便工程师进行数据分析和故障诊断。

（3）故障诊断：CAN 总线分析仪可以帮助工程师快速定位和解决 CAN 总线通信故障，如数据丢失、冲突、错误帧等，提高故障排除的效率。

（4）数据记录：CAN 总线分析仪可以记录 CAN 总线上的数据帧，包括时间戳、发送节点、接收节点、数据内容等，方便后续的数据分析和验证。

（5）波形显示：CAN 总线分析仪可以将 CAN 数据帧以波形图的形式显示，直观地展示 CAN 总线通信的时序和变化，帮助工程师理解和分析 CAN 总线通信过程。

（6）远程监控：部分 CAN 总线分析仪支持远程监控功能，可以通过网络连接远程访问和控制 CAN 总线分析仪，方便工程师进行远程调试和故障排除。

常见的 CAN 总线分析仪国内的生产厂家有广州 ZLG、珠海创芯、沈阳广成，国外的生产厂家有 Vector、Kvaser、Intrepidcs、PEAK 等，同时各个品牌的 CAN 总线分析仪也配有专用的软件。

1. CANape 的介绍

Vector 开发了功能强大的 CANape 作为测试和标定工作上位机软件，除了在软件运行时能够同时标定参数值和采集测量信号外，CANape 软件还集成了强大的离线数据分析功能，通过数据挖掘能够自动地批量分析和评估测量数据，并自动生成分析报告。其集成的 vCDM-studio 工具可提供图形化的视图，方便用户对标定参数文件（如 PAR、DCM、CDFX 等）和 HEX 文件进行对比、修改、合并等操作。随着近几年自动驾驶技术的发展，CANape 软件从 17.0 开始支持 64 位架构，极大地提升了软件性能，支持通过 SOME/IP 测量标定 AUTOSAR Adaptive ECU，而且可为 ADAS 传感器单独开发模块解析以太网数据，以及为 ADAS 记录提供独立的 CANape log 记录仪，能够满足自动驾驶的相关标定需求。

CANape 具有以下四个特点：

（1）功能全面：CANape 提供了丰富的功能，包括数据采集、数据分析、诊断、校准、仿真和网络管理等，可以满足各种开发和测试需求。

（2）灵活配置：CANape 可以根据用户的需求进行灵活的配置，可以选择不同的硬件接口、通信协议和数据采集方式，以适应不同的应用场景。

（3）高效性能：CANape 具有高效的数据采集和处理能力，可以实时监测和记录大量的数据，并提供实时的数据分析和可视化功能，帮助工程师快速定位和解决问题。

（4）易于使用：CANape 具有友好的用户界面和直观的操作方式，即使对于初学者也很容易上手，而且提供了丰富的帮助文档和教程，帮助用户快速掌握使用技巧。

2. CANape 的使用教程

1）创建 CANape 工程

（1）进入软件：双击 CANape 图标进入软件，图标如图 2-2-1 所示。

图 2-2-1　CANape 15 图标

（2）创建一个新的工程：选择“<Create new project... >”选项，单击“OK”按钮创建工程，如图 2-2-2 所示。

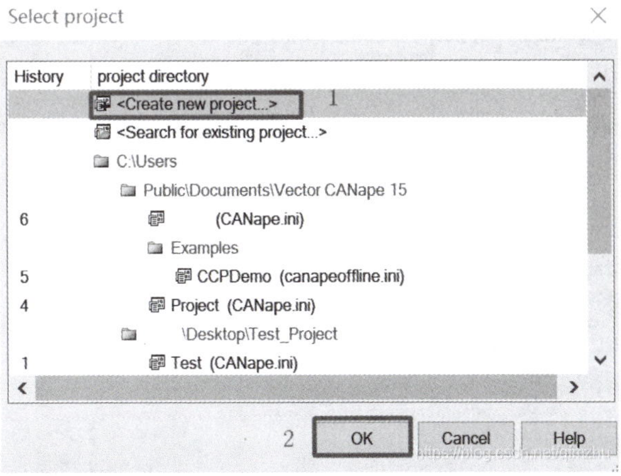

图 2-2-2　创建一个新的工程

CANAPE 创建工程

(3) 设置工程名称以及保存位置：在“Project Name”处输入 CANape 工程命名，例如“Test_CAN”，单击“下一步”后在“destination folder”处选择保存位置，如图 2-2-3 所示。需要注意设置的工程名称以及保存路径尽可能为英文，以免出现不必要的问题。

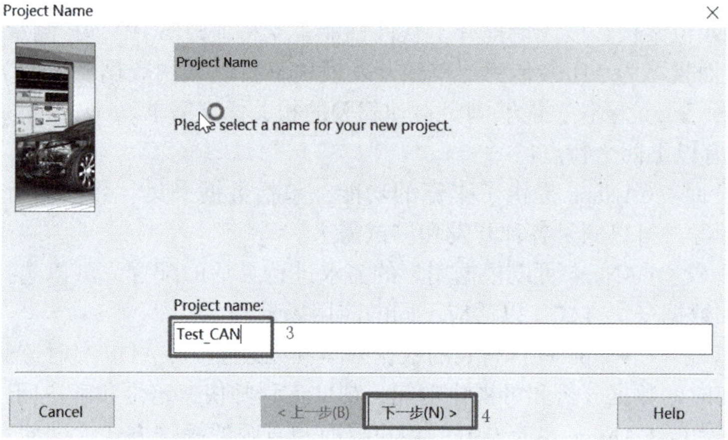

图 2-2-3　设置工程名称及保存位置

(4) 构建工程文件夹：将相关的文件（*.dbc、*.elf、*.map、*.a2l、*.dll...）放在刚才建立的 CANape 软件的 Test 工程文件夹下。

3. 创建一个 Device

(1) 创建 CANape 工程后进入软件主界面，添加 a2l 文件等数据库文件，单击“New from database”后进入数据库文件加载对话框，选择需要的数据库文件（文件格式 *.a2l、*.dbc、.cdd），下面以选择“test.a2l”文件为例，进行讲解。设置过程如图 2-2-4 所示。

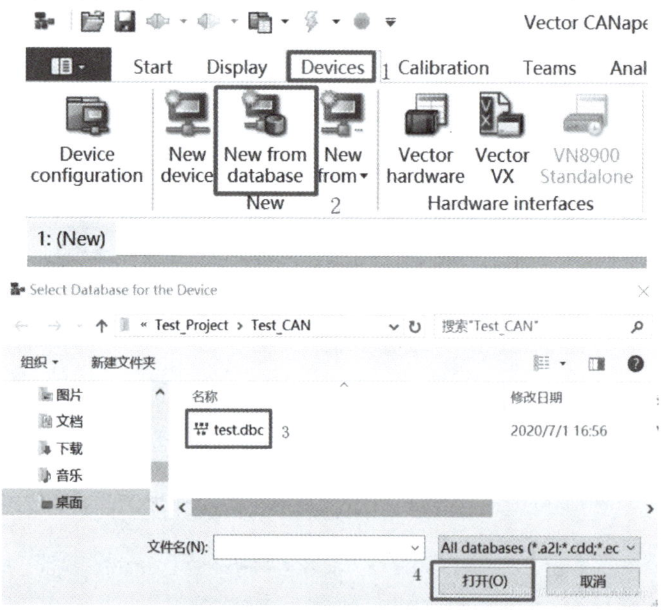

NAVCONFIG

图 2-2-4　选择需要的数据库文件

（2）新建 Device 设置：加载“test. dbc”后对新建的 Device 进行设置，此处需要对名称进行设置后单击“下一步”，之后在“Channel:”中选择 CANape 软件中没有被分配的软件逻辑通道，此处选择需要和 CAN 总线分析仪实际连接保持一致，其选择的 CAN 总线分析仪物理接口即与待测设备的接口，操作如图 2-2-5 所示。

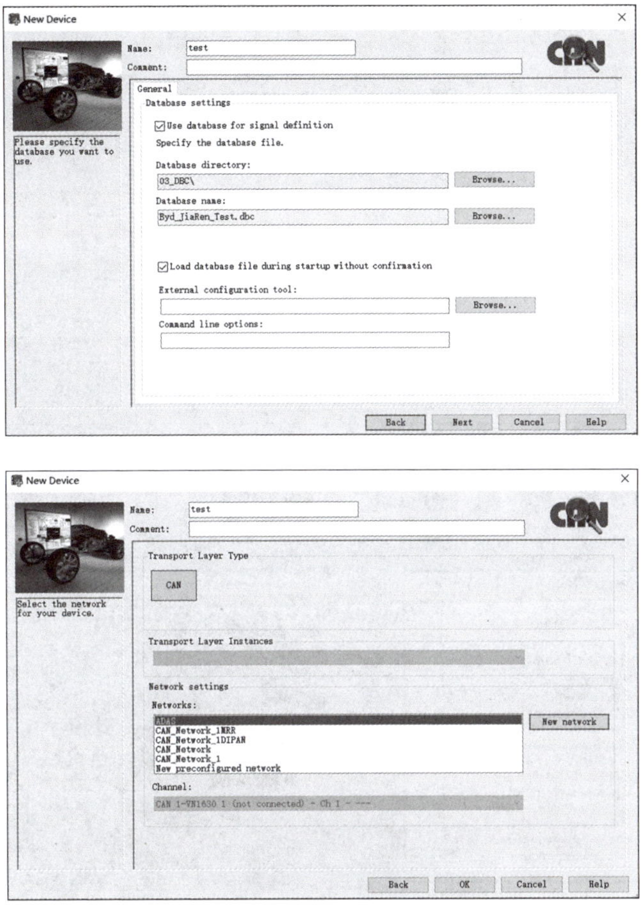

NAVDISPLAY

图 2-2-5　新建 Device

（3）关闭弹出的“Settings for test”对话框，回到主界面，如图 2-2-6 所示。

（4）在主界面菜单栏“Display”中单击“Symbol Explorer”，打开“Symbol Explorer”窗口，如图 2-2-7 所示。

4. 编辑数据采集检测界面

在软件界面中创建显示窗口，这些窗口可以自由排列其位置，例如同时在界面中显示或者分为多个页面分别显示。在数据采集中需要建立最基本的四个界面，分别是“Device Window”“Trace Window”“Write Window”和“Graphic Window”，添加方法是在空白窗口位置单击右键后，在出现的一级菜单中单击“Other windows”，在弹出的二级菜单中有“Device Window”“Trace Window”“Write Window”三个界面的创建按钮；在一级菜单中单击“Measurement Windows”后出现的二级菜单中选择“Graphic Window”。“Device Window”的创建过程如图 2-2-8 所示。

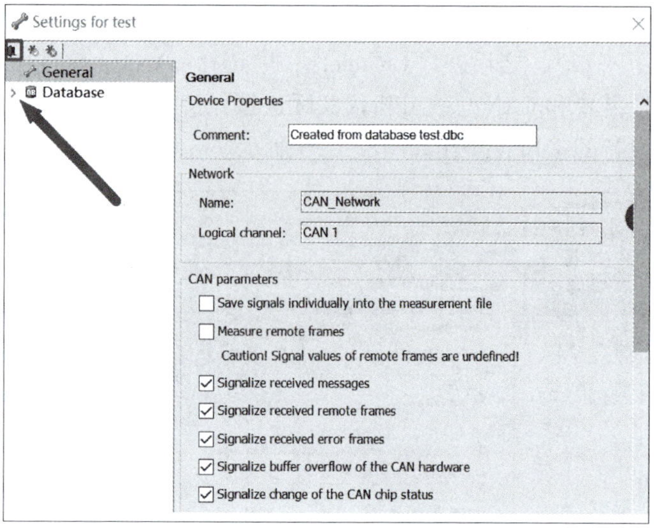

图 2-2-6　关闭“Setting for test”

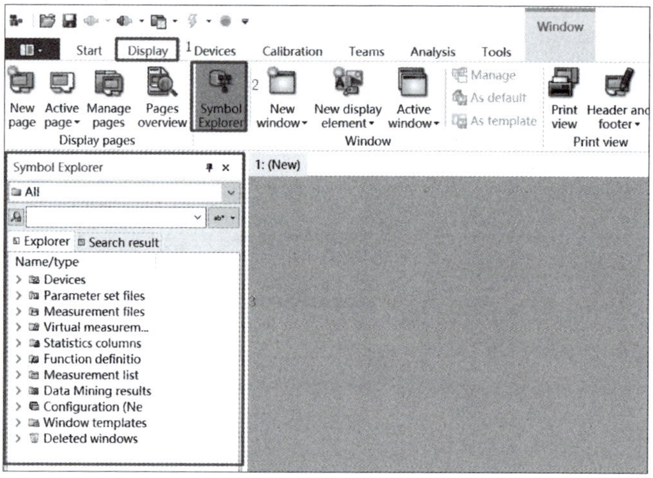

图 2-2-7　打开“Symbol Exploer”窗口

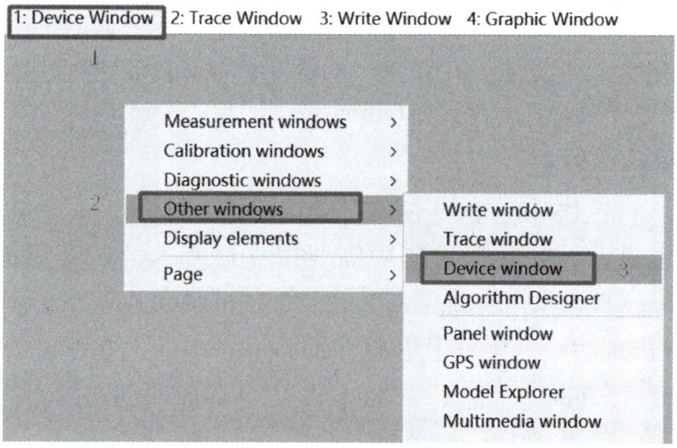

图 2-2-8　“Device Window”的创建过程

"Device Window"界面用来显示所有已连接硬件设备及其连接状态，中间的银色方块若显示"ONLINE"，则说明连接正常且被测量的 ECU 已经正常连接到 CANape 中。通过硬件 VN1610 进行测试的"Device Window"界面显示如图 2-2-9 所示。

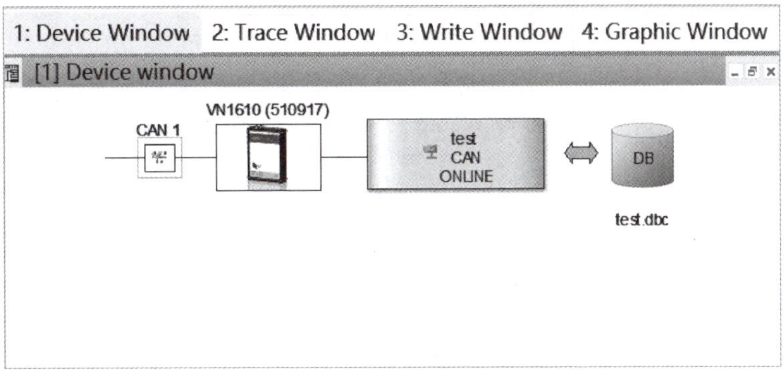

图 2-2-9 "Device Window"界面

"Trace Window"界面用来显示 CANape 检测的 CAN 总线上的报文原始信息。

"Write Window"界面用来显示建立的测试工程的状态信息，包括报错、提醒等。

"Graphic Window"界面是测量的关键，可以通过这个界面直观地观测信号值的变化，如图 2-2-10 所示。

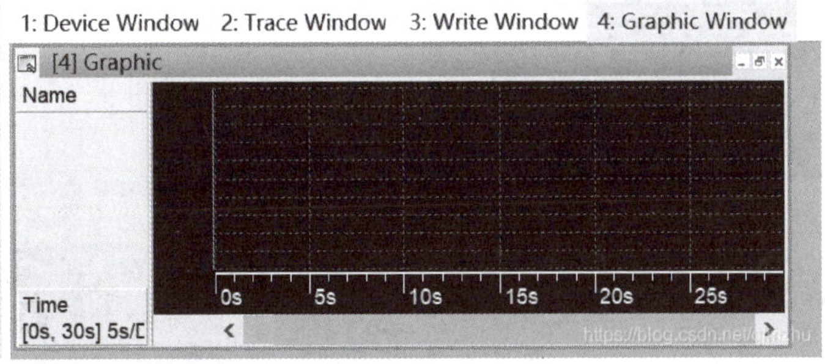

图 2-2-10 "Graphic Window"界面

5. 添加观测的 CAN Message ID 以及 Signal 信号

1）选定信号并开始测量

将需要观测的信号从"Symbol Explorer"窗口中显示，即"Devices"—"test"-"test. dbc"—"Signals"，单击"Signals"后在信号列表中找到需要观测的信号，并拖拽至"Graphic Window"界面中，最后单击"Start"按钮（界面最上方闪电标志），开始观测。如图 2-2-11所示。

CANape 软件除了基本的"Graphic Window"界面外，还为测试工程师提供了丰富的测试数据显示窗口，包括 Data 窗口（显示测量信号物理值的同时，显示单位、地址和备注）、Bar 窗口（对比多个测量信号的大小）、Text 窗口（显示测量信号在一段时间内值的变化）、Numeric 窗口（显示单个当前测量信号的值）、Map 窗口（显示 Map 类型的测量信号的值），如图 2-2-12 所示。

CANape 测量

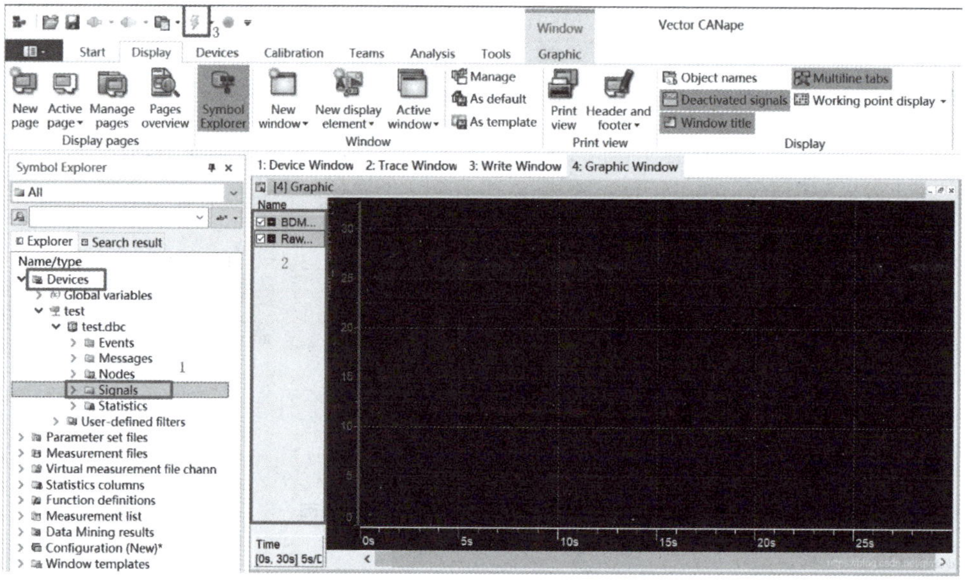

图 2-2-11　设置信号并进行测量

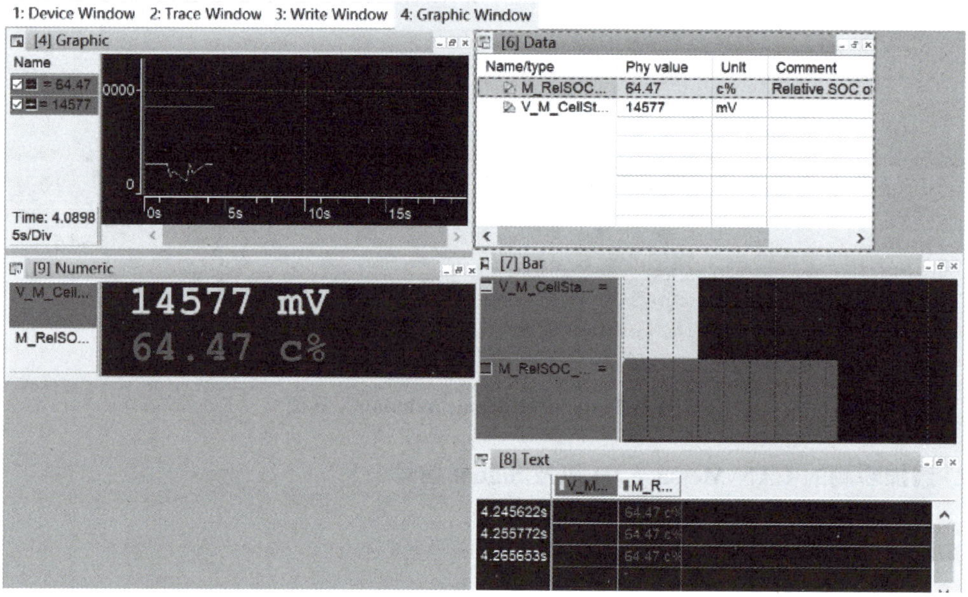

图 2-2-12　各种数据显示窗口

2）结束测量并进行数据保存

测量完成之后，CANape 支持将测量的数据保存成标准的测量文件，其格式为：*. MDF。单击“Stop”按钮（界面最上方红色圆钮）结束测量，之后将会弹出窗口提示以 MDF 格式保存观测的数据，在窗口中可对 MDF 文件进行设置并添加注释，界面如图 2-2-13所示。

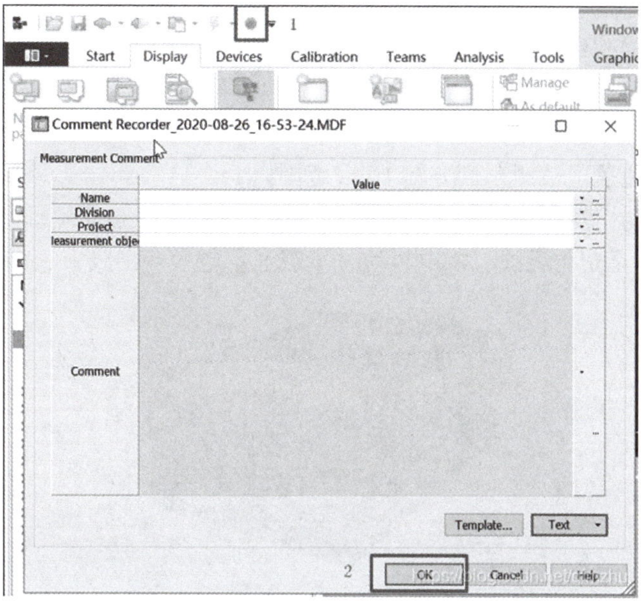

图 2-2-13　结束测量并进行数据保存

OXTS 使用

二、RT-Range 惯导定位系统

OxTS 公司推出的 RT-Range 系统，是一套用于车辆到车辆或者车辆到车道测试的一体化测量方案，RT-Range 已经被广泛应用于智能网联汽车的测试，被 Euro-NCAP、NHTSA、C-NCAP 等全球主要测试机构所采用。RT-Range 获取安装在多台车辆上的 OxTS 惯导的位姿输出，以及车道线、假人假车的数据，并计算它们之间的相对距离等测量值。

RT-Range 惯导定位系统具有以下六大特点（见图 2-2-14）：

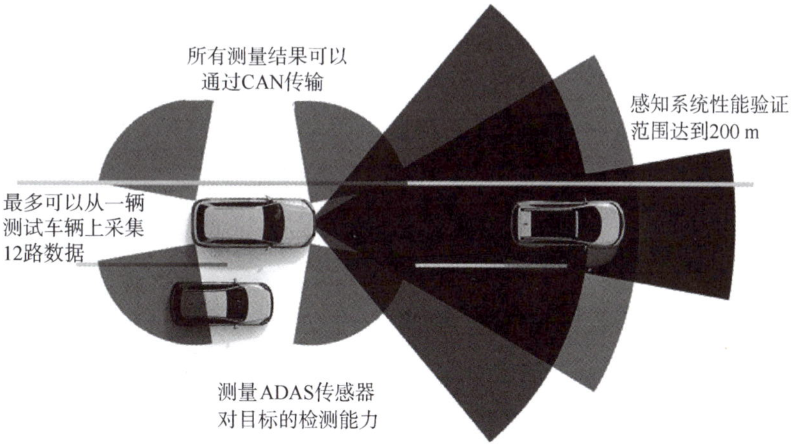

图 2-2-14　RT-Range 惯导定位系统部分特点

（1）RT-Range 已被广泛运用于 NCAP（包括 Euro NCAP）和 NHTA 测试规范；

（2）测量车辆和软体目标的距离、方向和相对运动，计算 AEB 测试和转向系统验证所需要的碰撞时间（TTC）；

（3）可将目标物构建成为多点多边形模型；

（4）支持多种数据输出形式，包括以太网、CAN 等；

（5）能够支持四个移动目标的接入；

（6）测试范围覆盖主被测车辆方圆 1 km 范围内。

RT-Range 系统由车载端和路侧端组成，其中车载端由核心惯性导航系统 RT3000 模块（见图 2-2-15）、卫星定位天线、供电模块、车载通信电台、主线束、RT-XLAN 组成。

图 2-2-15　核心惯性导航系统 RT3000 模块

路侧端：为了使测试数据的定位精度达到厘米级，采用差分校正信号源（RTK）的方案。GNSS 接收机通过接收到的卫星信号计算自身定位，而在这个计算过程中由于大气电离层、时钟差等因素，计算结果存在很多随机误差，为了消除这些误差并达到厘米级定位精度，就需要给接收机输送一种消除误差用的校正信号，路侧端的应用就是提供这个校正信号。路侧端采用 RT-Base S 便携式固定基站，该设备的特点见表 2-2-1。

表 2-2-1　RT-Base S 便携式固定基站的特点

防护等级	IP65
定位卫星	GPS、GLONASS
定位精度	1 cm
续航时间	>24 h
配置方式	以太网连接
查分信号广播方式	通用格式电台广播/WiFi 广播（可选）
GNSS 天线	抗多路径干扰
定位点存储	10 个（支持快速检索）

1. RT-Range 系统 AEB 测试硬件搭建

通过 RT-Range 系统能够精确获取测试驻车的加速度、速度、位置以及航向角等，并实时计算出 AEB 测试需求的碰撞时间 TTC（Time-to-collision）等参数。

AEB 功能作为 ADAS 系统的基础功能，目前已经被我国作为车辆强制性具备的功能之一，同时也早已成为 C-NCAP 规范中的标准测试项目。C-NCAP 中 AEB CCR（车辆追尾自动紧急制动系统）的测试评价主要包括两种测试场景，分别是“目标车辆静止，被测车辆与目标车辆追尾的场景”和“目标车辆匀速慢行，被测车辆与目标车辆追尾的场景”。

以 AEB CCR（车辆追尾自动紧急制动系统）的测试中“目标车辆静止，被测车辆与目标车辆追尾的场景”为例，RT-Range 系统的测试搭建方案如下。

（1）硬件设备准备，见表 2-2-2。

表 2-2-2　硬件设备

被测车辆	RT3000V3	用于 ADAS 和自动车辆测试的高性能 GPS 信号导航系统和内置导航系统产品
目标车	RT3000V3	用于 ADAS 和自动车辆测试的高性能 GPS 信号导航系统和内置导航系统产品
基站	RT-Base S GNSS	一体式、防风雨的便携式 GNSS 基站
配件	RT-XLAN	高性能 WLAN 无线电单元，能够在多辆车之间提供高度可靠的、大于 1 km 的车对车数据通信链路
	RT-Strut	车内快速挂载支架
	Satel 电台	用于与 RT-Base S GNSS 通信，传输 RTK 定位数据
其他工具	CAN 分析仪	对 CAN 通信数据进行采集

（2）硬件以及辅助设备连接。

双车测试时 ADAS 中最常见的测试场景，例如 AEB、ACC、CTA 等场景，RT3000V3 的主线束主要包含供电、以太网、CAN、Satel 电台、RS232 串口、Digital I/O，辅线束包含以太网以及 RT-XLAN 的 POE 接口，具体的安装以及线束连接如图 2-2-16 所示。

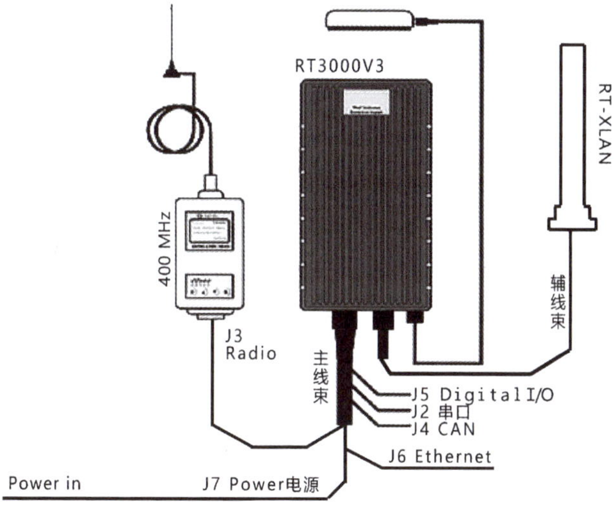

图 2-2-16　RT-Range 硬件系统安装以及线束连接

RTRANGE
使用教程

NAVCONFIG

NAVDISPLAY

（3）NAVconfig 软件调试过程见二维码中视频。

2. RT3000V3 的常用接口与作用

以 RT3000V3 为例，主线束接口负责设备供电及不同接口数据的输入和输出；辅线束仅在需要使用 RT-XLAN 进行组网时才使用，并提供额外的网口用于数据传输；主从天线接口（TNC）用于连接 GNSS 天线进行供电并接收卫星数据（小型惯导为 SMA 接口）。

主线束共有序号为 J1～J7 的 7 个接口，接口的编号名称可通过接口处的黄色标签纸查看。J1 与 RT3000V3 的主线束接口连接，J2～J7 根据需要与外部设备连接。

（1）J2：串口 RS232，用于传输串口数据，该接口为标准 9 针串口接口，数据传输使用其中的 2、3、5 号 PIN 角，具体定义见表 2-2-3。

表 2-2-3　J2 接头的 PIN 角定义

PIN 角定义	作用	主线束 J1 接头 PIN 角号
2	NAV RS232 RX	J1-4
3	NAV RS232 RX	J1-3
5	RS232 Common	J1-12

（2）J3：Radio 接口，用于和 Satel 电台连接或接收 NTRIP 协议的 RTK 数据，该接口为标准 15 针串口接口，具体定义见表 2-2-4。

表 2-2-4　J3 接头的 PIN 角定义

PIN 角定义	作用	主线束 J1 接头 PIN 角号
1	电台电源正极+	J3-14
7	RS232 Common	J1-16
8	电台电源负极-	J7-3
9	Radio Data RX	J1-7
11	Radio Data TX	J1-6
14	电台电源正极+	J7-1
15	电台电源正极+	J7-1

（3）J4：CAN 接口，用于传输 CAN 总线数据，该接口为标准 9 针串口接口，数据传输使用其中的 2、3、6、7 号 PIN 角，具体定义见表 2-2-5。

表 2-2-5　J4 接头的 PIN 角定义

PIN 角定义	作用	主线束 J1 接头 PIN 角号
2	CAN-Low	J1-10
3	CAN Ground	J1-17
6	CAN Ground	J4-3
7	CAN-High	J1-9

（4）J5：Digital I/O 数字信号接口，该接口为标准 9 针串口接口，数据传输使用全部引脚，具体定义见表 2-2-6。

表 2-2-6 J5 接头的 PIN 角定义

PIN 角定义	作用	主线束 J1 接头 PIN 角号
1	Digital（1PPS 输出）	J1-11
2	Digital2（Trigger 1）	J1-8
3	Digital3（Wheel Speed 1A）	J1-15
4	Digital4（Trigger 2）	J1-19
5	Digital3（Wheel Speed 1B）	J1-5
6	数字信号接地	J1-18
7	数字信号接地	J1-18
8	数字信号接地	J1-18
9	数字信号接地	J1-18

（5）J6：Ethernet 以太网接口，具体定义见表 2-2-7。

表 2-2-7 J6 接头的 PIN 角定义

PIN 角定义	作用	主线束 J1 接头 PIN 角号
1	TX+	J1-20
2	TX-	J1-13
3	RX+	J1-21
6	RX-	J1-14

（6）J7：Power 电源接口为 4PIN 接头，采用 1、3 两个引脚对整个系统进行供电，PIN1 为电源正极，连接主线束接头 PIN 角"J1-1"；PIN3 为电源负极，连接主线束接头 PIN 角"J1-2"。J7 电源接头样式如图 2-2-17 所示。

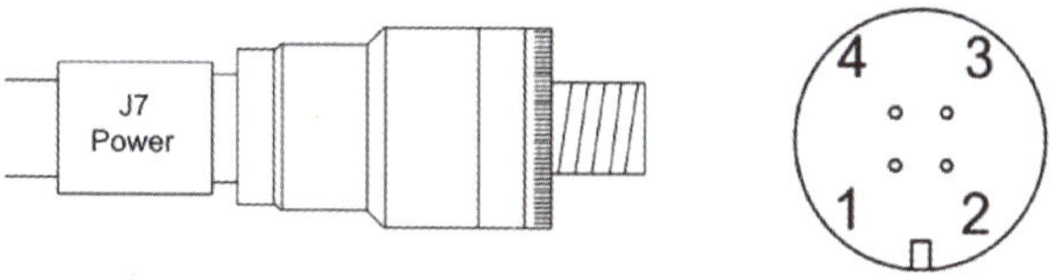

图 2-2-17 J7 电源接头样式

当用到 RT-XLAN 时需要连接辅线束，其提供 M12 8-PIN POE 接口，用于 RT-XLAN 的供电和数据传输。此外，辅线束增加 2 路与主线束 J6 同一网段的以太网接口，以便于在更多终端查看数据。RT-XLAN 无线桥接 AP 采用 POE 网线来供电和传输数据，辅线束 J2 接头的 PIN 角定义见表 2-2-8。

表 2-2-8 辅线束 J2 接头的 PIN 角定义

PIN 角定义	作用	主线束 J1 接头 PIN 角号
1	TX+	J1-14
2	TX-	J1-20

续表

PIN 角定义	作用	主线束 J1 接头 PIN 角号
3	RX+	J1-13
4	电源正极+	J1-11
5	电源正极+	J1-11
6	RX-	J1-12
7	电源负极-	J1-10
8	电源负极-	J1-10

任务实施

利用 Vector 的 CANape 软件以及硬件设备读取 RT-Range 系统，对 CAN 总线输出的定位数据进行采集和记录。

模 块 三

智能网联汽车测试场景和测试用例设计

项目一　智能网联汽车主动安全系统测试场景设计

任务目标

1. 了解基于场景的汽车软件测试方法的优点；
2. 了解智能网联汽车测试场景数据的来源；
3. 掌握智能网联汽车先进辅助驾驶系统测试场景库的构建；
4. 具备常见先进辅助驾驶系统测试场景库的构建能力；
5. 培养对智能网联汽车等先进技术的专业认同感。

任务导入

作为一名智能网联汽车测试工程师，当前需要你对一辆智能网联汽车的先进辅助驾驶系统进行系统功能测试，如何通过合理的测试场景设计，加快测试速度并提高测试覆盖率？测试中，是行驶大量的里程后获得测试结果，还是通过先设计好一套比较合理且全面的测试场景库来实现对系统全面的测试，再获得测试与评价结果？

知识储备

一、汽车软件测试相关术语和流程

1. 汽车软件测试相关术语

做好智能网联汽车的测试工作首先要了解汽车软件测试相关的术语及定义。汽车软件测试相关的术语及定义如表 3-1-1 所示。

表 3-1-1　汽车软件测试相关的术语及定义

名称	定义
测试集	一个或多个测试用例的集合
测试依据	作为测试用例和测试分析的技术支撑文件
测试用例	前置条件、输入和预期结果的集合
测试入口准则	开始测试前所有文档、工具、环境等全部到位
测试出口准则	停止测试活动的准则，例如测试完成或者测试因外界因素暂停
测试报告	已完成测试的总结性报告
测试设计技术	用于识别测试项的测试条件，导出相应的测试覆盖项，并导出或选择测试用例
测试环境	用于执行测试的工具、硬件、软件、测试规范、文档等
测试执行	在测试项上执行测试所产生的实际测试结果的过程

续表

名称	定义
测试计划	描述达到测试目标的方法，用于协调测试的整个活动
测试策略	描述测试项目的测试方法，包括测试范围、测试重点、测试项等
静态测试	对组件/系统进行的不执行程序代码（软件）的一种测试。例如，对代码评审或静态代码的分析
动态测试	通过运行软件的组件或系统测试软件
冒烟测试	所有定义的或计划的测试用例的一个子集。它覆盖组件/系统的主要功能，以查明程序的绝大部分关键功能是否正常工作，但忽略其细节部分
回归测试	对已测试、已修改程序进行的测试，确保软件的更改没有对未改变的部分带来新的失效
错误猜想	通过以往失效经验和失效模式的常识推导出测试用例的测试技术
预期结果	按照需求说明，在特定的环境下可获取的测试用例的预期行为
等价类划分	在每一个等价类中选择一个或多个特征来设计测试用例
实测结果	通过执行测试用例获取的结果，包括数据、状态等
性能测试	用于评价测试用例在给定的环境下完成指定功能的能力
复测	重新执行测试结果为不通过的测试项
场景测试	基于场景设计的测试用例设计方法，场景可以是交互、执行流程等
测试覆盖率	测试项被测试集所覆盖的百分比
白盒测试	通过程序内部的逻辑结构及有关信息，来设计和选择测试用例，对程序的逻辑路径进行测试
黑盒测试	已知产品所应具有的功能，通过测试来检验每个功能都是否能够正常使用，不关注内部逻辑实现的过程
灰盒测试	它既可保证黑盒的关注点，又可掌控白盒的内部结构
测试追踪矩阵	在某些时候，特指测试需求与测试用例的追溯矩阵
测试项	某条特征测试用例的简称
设计变更	指项目自开发至报废，对已完成的初步设计方案进行的修改、完善、优化等活动
影响分析	产品的需求变更对整个系统产生的影响，包括识别影响区域以及带来的副作用
功能需求	一个软件系统或组件提供的功能及服务，可以是计算、技术细节、资料处理或其他说明系统希望达成功能的内容
测试问题管理表	测试过程中，涉及测试结果与预期不符合问题的测试项管理
测试日志	记录测试工作的进度和过程相关的文档
测试管理	测试活动的计划、安排、控制、完成、报告

2. 汽车软件测试流程

汽车的智能网联技术相关功能已经成为当下的标配，汽车搭载的越来越多的智能化功能都是由汽车软件来实现的，越复杂的软件功能就要求软件的测试功能尽可能覆盖率高，其是支撑汽车系统软件质量与安全的重要保障。汽车软件测试是一项极其重要的工作，直接关系到汽车智能化系统开发项目的最终成败。优秀的测试工程师必须拥有规范的测试流程体系支撑，实现对测试覆盖率的提成、对测试工作流程的约束以及对测试结果精度的保障。

随着汽车电动化、智能化、网联化的发展，汽车开始快速迭代和更新主动安全系统以及智能座舱系统，随之而来的是对汽车软件测试人员的职业能力要求快速提高，因此系统且规范的汽车软件测试能力成为智能网联汽车测试工程师职业能力图谱的组成部分之一。

汽车软件测试流程的主要思路来源于计算机行业的软件测试流程，总体分为四个模块，分别是测试规程、测试准备、测试执行和测试反馈，四个测试流程模块的详细内容如图 3-1-1所示。

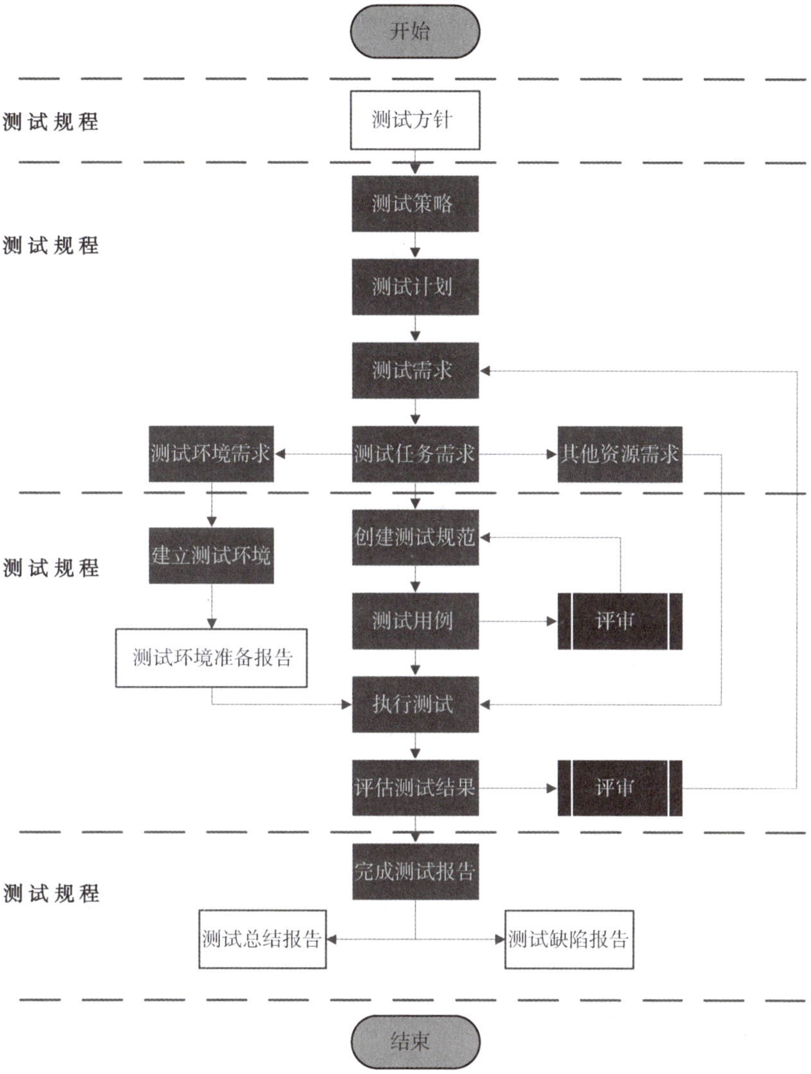

图 3-1-1　软件测试基本流程

根据汽车软件测试工程师的岗位技能，可知汽车软件测试工程师的工作重点在测试计划、测试设计、测试执行以及测试报告中。

1）测试计划

通过项目的开发规格要求以及项目的总体开发进度进行测试计划的设定以及跟进，明确测试内容、测试版本、测试时间、测试人员、完成时间等。测试计划是汽车软件测试工程师开始工作的第一步，测试人员需要与开发团队和项目经理合作，确定测试目标、测试范围和测试资源，并制订详细的测试计划，这包括确定测试策略、测试方法和测试环境，以确保测试工作的顺利进行。

2）测试设计

测试设计主要通过功能需求或开发规格说明书创建详细的测试用例，需要仔细分析系统功能和性能要求，并设计各种测试场景，以确保汽车软件在各种使用情况下都能正常运行。同时，测试用例的设计还会考虑汽车使用场景的边界条件、异常情况以及软件负载测试，以验证智能网联汽车在不同情况下的稳定性和可靠性。测试用例创建完成后与开发人员进行评审，确定最终能够对系统功能和性能要求进行全面测试的测试用例，搭建测试所需要的在环测试环境以及集成实车测试环境，并利用基本场景数据进行联合调试。

3）测试执行

测试执行是汽车软件测试工程师的核心工作之一，即基于构建好的测试环境、测试用例，按照测试计划进行实际测试工作，首先由集成人员进行冒烟测试，判定当前软件的基本状态并保证软件基本功能满足测试要求，测试过程中实时记录测试结果和测试数据（包括CAN 数据、视频数据、RT-Range 数据等），发现并记录问题，然后在 Bug 记录平台上登记和持续追踪问题。

4）测试报告

测试工程师总结测试结果并分析测试覆盖率，针对测试的过程和软件的质量输出总结性测试报告，由项目测试负责人审核后向项目内部进行发布，同时向开发人员详细反馈测试结果中的软件缺陷。这些报告将被用于项目管理和决策过程中，以确保汽车软件达到预期的质量标准。

二、测试场景

1. 测试场景

随着智能网联汽车技术及产业在中国的快速发展，面向消费者的越来越多的车型将搭载相关功能，国家相关部门与相关行业已经发布相关的法规标准。相比传统汽车的测试评价工作，面向“人-车”的系统逐步转变为以“人-车-道路-环境-任务”为目的的多元复杂系统。传统汽车测试工作主要是对机械性能的测试，而对智能网联汽车的测试更多的是对先进辅助驾驶系统、智能座舱、车联网进行测试，因此基于场景进行智能网联汽车测试，相对配置灵活、测试效率高、测试成本低、测试频率高、测试覆盖全面。

“测试场景”从字面来看即用来测试的场景，其中场景指的是产品使用的特定情景。在汽车行业中场景指的是一定时间和空间范围内行驶环境与驾驶行为的综合反映，包含了各类实体元素、实体元素执行的动作、实体元素的状态以及各个实体元素之间的关联关系。它描述了被测智能网联汽车及其行驶环境中其他交通参与者、道路、交通设施、气象条件等元素综合交互的一种总体动态描述。测试场景是用于特定测试任务的场景，它可以帮助测试工程师把产品置于不同的环境与任务下进行研究和测试，并最终实现对产品的优化和评价。

通过不同交通参与者的角度可以获得不同测试场景数据，通过多样的测试场景数据来源最终实现完整的场景描述。例如，从被测智能网联汽车的智能传感器与通信设备可以获得周围行驶环境和其他交通参与者的相对信息，仅局限于被测车辆本身；从其他交通参与者可以获得除了相对于交通环境的动态信息和位置信息；从开发工程师和产品工程师角度视角可以理解为“卫星视角”，从全局对场景进行设计，该场景数据用于场景宏观设计和测试结果的评价。

在智能网联汽车领域中有一个为智能网联汽车场景设计提供明确方向的著名项目——德国 Pegasus 项目，Pegasus 项目是一项由德国联邦交通和数字基础设施部资助的研究计划，旨在为自动驾驶汽车的开发和测试提供一个全面的框架，解决自动驾驶汽车开发和测试中的各种挑战，如图 3-1-2 所示。通过创建复杂的场景库、开发新的测试方法和推动法规标准的制定，Pegasus 项目正在为自动驾驶汽车的商业化铺平道路。该项目于 2016 年启动，由多个行业领先的公司和研究机构共同参与，包括德国航空航天中心、弗劳恩霍夫应用系统技术研究所及奥迪、大众、博世公司等。

图 3-1-2　德国 Pegasus 项目

Pegasus 项目的主要目标是制定一种可靠的方法，用于评估自动驾驶汽车的安全性。这涉及创建一个复杂的场景库，以模拟各种可能遇到的道路条件和驾驶情况。这些场景可以用于在虚拟环境中进行详细的测试，从而确保自动驾驶系统能够在各种情况下正确运作。

Pegasus 项目的另一个重要目标是开发一种新的测试方法，使得自动驾驶汽车的测试过程更加高效。传统的测试方法需要汽车在实际道路上行驶数百万甚至数十亿英里①，才能收集到足够的数据来验证其性能，然而这种方法不仅成本高昂，而且耗时长久。因此，Pegasus 项目正在探索使用模拟器和其他先进工具进行测试的可能性，以减少对实际道路测试的依赖。

2. 测试场景库构建的意义和优点

美国兰德公司的一项研究引起了行业内的广泛关注，该研究指出：为了让自动驾驶汽车达到量产的条件，一套自动驾驶系统需要至少通过 110 亿英里的驾驶数据进行系统和算法的测试验证。这个数字是如此之大，以至于目前的自动驾驶公司还没有能够实现它的。如果试图将其转化为更具体的量级，110 亿英里相当于将全中国所有道路跑 4 000 遍，这是一个令人震惊且无法完成的任务，足以让我们对自动驾驶技术的复杂性有所理解。

假设我们拥有 100 辆测试车辆的车队，并且这些车可以 7 天 24 小时不间断地进行测试，那么即使如此，我们也需要 500 年才能完成这 110 亿英里的测试。在这种情况下，车队的建设和维护成本无疑是极高的。而且，由于每次回归测试都需要长时间才能完成，故这种基于里程的测试方法无法满足自动驾驶系统快速迭代的要求。

① 1 英里（mile）= 1. 609 344 千米（km）。

因此，基于里程的测试方法在车辆开发阶段存在着明显的弊端：测试周期长、效率低、成本高。这些问题不仅限制了自动驾驶技术的发展，也给相关企业带来了巨大的经济压力。在这种情况下，寻找更有效、更经济的测试方法成为行业的重要任务。

与此同时，基于场景的测试方法开始受到越来越多的关注。相比于基于里程的测试方法，基于场景的测试方法更加聚焦于特定的驾驶环境和场景。这种方法的优点在于，它可以有针对性地测试自动驾驶系统在特定场景下的表现，从而更准确地评估其性能。尤其是在先进辅助驾驶系统的测试工作中，基于场景的测试方法显示出了其对于系统功能迭代的重要性，因为这类系统的功能设计就是面向特定驾驶场景使用的，例如弯道车道保持场景、前方车辆紧急制动场景等，通过模拟这些特定场景，我们可以更好地理解和改进自动驾驶系统的性能。

从目的角度来看，测试场景的用途是开发企业和测试机构对智能网联汽车进行测试和评价，需求场景为开发人员提供预期的系统开发方向，测试场景的测试结果为开发人员提供测试评价结果，两者相互印证对比。因此，测试场景的设计必须有明确的测试目的与测试结果预期，可以包含与开发式样相互对应的系统行为预期、性能要求、功能相应逻辑，等等。例如自动紧急制动系统的测试中，测试目的是测试自车在与前车有碰撞风险时能不能提醒驾驶员并自动制动停止，然后将能否按照要求避免碰撞这一结果来反馈给开发工程师。

构建测试场景库进行测试的优点有以下三点：

（1）快捷高效：测试场景库建立后可以将多个功能测试进行拆分，对相互重复的流程减少重复的测试工作，大大缩短测试时间，满足快速的软件发布速度，并能够尽快地发现所有的错误问题。

（2）全面细致：构建测试场景库可以尽可能地覆盖所有汽车行驶和应用场景，包括各种天气、各种驾驶任务、各个车载模块的操作交互，能够全方面、精细化地对智能网联汽车的性能、功能进行测试，最大程度地避免测试场景的遗漏。

（3）可重复性：构建场景库后，不同车型在智能网联相关功能的测试中可以根据要测试的功能复用相同的场景库，提高了测试效率。

总的来说，虽然自动驾驶技术的测试和验证过程充满了挑战，但随着新方法和新思路的出现，我们有理由相信，这些挑战最终都将被克服。基于场景的测试方法可能是其中的一个答案，它提供了一种更有效、更经济、更便捷的方式来推动智能网联汽车技术的发展，以帮助智能网联汽车技术更快地实现商业化。

3. 测试场景构建的元素

测试场景的要素包含两大类，一类是被测车辆自身的要素，另一类是车辆外部交通环境要素。其中被测车辆自身要素包括车辆的各系统状态要求（例如转向系统、制动系统等）、车辆的运动状态、车辆的动态驾驶任务，等等；外部环境因素包括静态环境要素、动态环境要素、交通参与者要素以及气象要素。

前面提到的德国 Pegasus 项目将真实驾驶场景定义为六个层次（如图 3-1-3 德国 Pegasus 项目定义真实驾驶场景层次所示），第一层次为静态交通道路层次（构造及其拓扑结构、表面的特征与边界），第二层次为交通基础设施层次（其结构的边界、交通标志与高架护栏），第三层次为道路与交通基础设施的临时变更（路面上的构造及其拓扑结构，放置时间大于 1 天)，第四层次为对象（静态的目标、动态的目标、可移动的目标，以及三者之间的交互和动作)，第五层次为环境（天气、光照情况以及其他周围环境)，第六层次为信息（V2X 信息以及数字地图)。

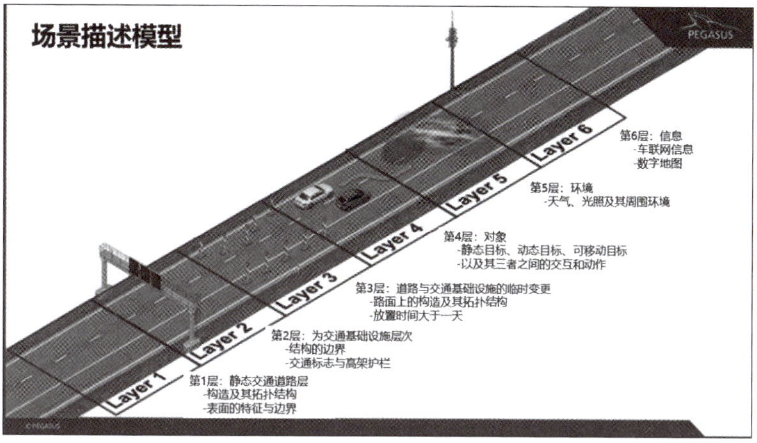

图 3-1-3 德国 Pegasus 项目定义真实驾驶场景层次

真实驾驶场景是智能网联汽车测试场景的主要来源之一，是能提现系统能力的场景，具备生成测试场景所需要的一切要素信息。在构建测试场景时可以将真实驾驶场景进行拆解，根据所在的层次以及变化频率进行组合，构建可交换和可复制的场景要素模型。

测试场景是真实驾驶场景的提炼，是对复杂交通场景的梳理，真实驾驶场景中的元素可以根据智能网联汽车测试的特点进行二次分类，分为以下四类。

1）测试场景空间范围内的静态交通元素

将 Pegasus 项目六个层次中的前三个层次融合，将一切静态实体合成到一个类型中。其中最重要的元素之一就是具有规则形状的道路环境及其拓扑结构，例如固定半径弯道进入直线道路、十字路口等，需要将其进行详细描述，描述内容包括车道的数量和平面尺寸、车道线的线型以及路面的起伏、破损等，依靠这些信息可以获得车辆的拓扑结构图，如图 3-1-4 所示。静态交通元素除了道路信息外，还包括路面交通标准、交通信号灯、桩桶、停滞的事故车辆、道路上的临时施工区，等等。

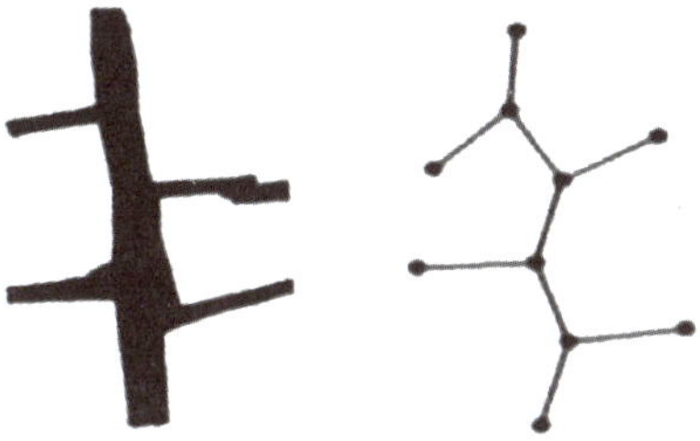

图 3-1-4 道路地图及其拓扑结构图

2）测试场景空间内的环境信息

环境信息包含天气条件和光照条件，常见的天气条件有晴天、阴天、雨天、雪天、大雾天气、雾霾天气等，常见的光照条件有白天、夜晚、逆光等。环境的不同对于智能网联汽车的智能传感器的影响较大，例如图像传感器对环境元素的依赖较大，在具有逆光、强光、黑夜等具有挑战性的光照元素或具有雾、霾及雨雪等天气元素的环境中，有可能出现对周围环境中目标误识别和漏识别的情况，例如在雨天、雪天、大雾天气、雾霾天气等极端环境下激光雷达的感知范围会大幅度变小等。另外天气也会对道路环境产生影响，例如雨停后路面潮湿，道路上与轮胎反复接触部分快速变干，此时在图像传感器中车道线和干燥的轮胎印都是白色的，容易让先进辅助驾驶系统将更靠内侧的轮胎印识别为车道线而影响车辆的横向控制功能。

由于我国地域广阔，纬度跨度大，因此气候现象多样化。这对汽车自动驾驶技术的测试提出了更高的要求，需要针对各种天气条件进行全面测试。首先是晴天测试，以验证自动驾驶系统在良好天气下的感知、决策和控制能力。其次是雨天测试，因为雨水会影响图像传感器道路的视野清晰度以及湿滑路面对车辆控制的影响，所以需要确保系统在湿滑路面上的安全运行。再次是雪天测试，考虑到下雪后积雪环境以及光照强反射对图像传感器的特殊挑战，系统必须能够正确识别并适应结冰和积雪路面的情况。此外，还需要进行雾天测试，因为雾气会降低能见度，使感知和决策变得更加困难。

综上所述，汽车软件测试工程师需要制订详细的测试计划，并在不同天气条件下进行测试，以验证自动驾驶系统在各种天气条件下的可靠性和安全性。这些测试对未来智能交通的发展具有重要意义，能够为我们创造一个更加安全和便捷的出行环境。

3）交通系统参与者及其状态

交通系统的参与者及其状态的目标不包含被测车辆，而是剔除被测车辆以外所有在交通环境中活动的交通参与者。这些交通参与者包括但不限于汽车、货车、摩托车、三轮车、两轮电动车、行人、动物等。每一个动态元素都应具备在测试开始时的初始条件和动态任务，初始条件定义了它们的动态任务起始状态，例如初始位置、初始速度、初始加速度、与其他交通参与者之间的交互关系等；动态任务定义了交通参与者为了配合对被测车辆测试的工作而需要进行的动作，例如机动车进行加速、切入车道、切出车道、超车、转向、后放接近等动作，行人横穿马路或者在最右侧非机动车道骑自行车。这些元素通过一个动作或多个动作组合都能实现与被测对象进行测试任务中的交互，我们设置上述行动和动态变化的最终目的是服务于被测车辆的测试。我们希望通过这种方式，模拟出各种可能的交通情况，观察被测车辆在这些情况下的表现，从而评估其性能。

4）被测车辆及其初始状态、目标和行为

对于被测车辆及其初始状态、目标和行为，在具备完整交通行驶情景的基础上，我们将被测车辆置于其中，并设定车辆的初始状态、目标和行为，就形成了完整的测试场景。这个测试场景不仅包含了交通环境的各种元素，还包含了被测车辆的各种可能状态和行为。测试的目标是观察根据测试目的设置的车辆在特定情况下的预期行为或性能要求。我们可通过观察车辆是否能达成这些目标，以及达成目标的程度，从而反映出智能网联汽车实现功能与性能的水平。这是一个重要的评价指标，可以直接反映出被测车辆的实际运行效果。图 3-1-5 所示为被测车辆元素汇总。

未来对于 L2 以上的较高级别的自动驾驶系统进行功能测试时，这一阶段的智能网联汽车不再局限于辅助驾驶场景而能够实现在全场景下的自动驾驶，因此测试工程师可以不设定具体行为而只设定目标来对自动驾驶系统的决策能力进行测试。

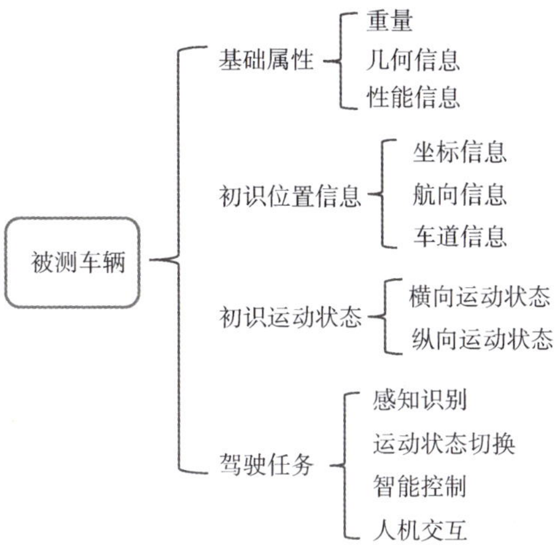

图 3-1-5　被测车辆元素汇总

对每一类场景中的元素按照对系统的难度分为一般情况（General Situations）、挑战性条件（Challenging Condition）、极端性条件（Extreme Condition）。例如天气条件中，一般情况是晴天，挑战性条件是阴天，极端性条件是雾天和大雨天气；弯道测试场景中道路弯曲程度元素，一般情况是最小车道半径大于 500 m，挑战性条件是最小车道半径大于250 m，极端性条件是最小车道半径大于 125 m；车道保持功能测试场景中车道线清晰度元素中，一般情况是车道线可以清晰识别（清晰度好），挑战性条件是车道线有较微的磨损或断点（清晰度一般），极端条件是车道线磨损较大（清晰度差）。

三、测试场景设计的数据来源

智能网联先进辅助驾驶系统测试场景设计的数据来源有五个，如图 3-1-6 所示。

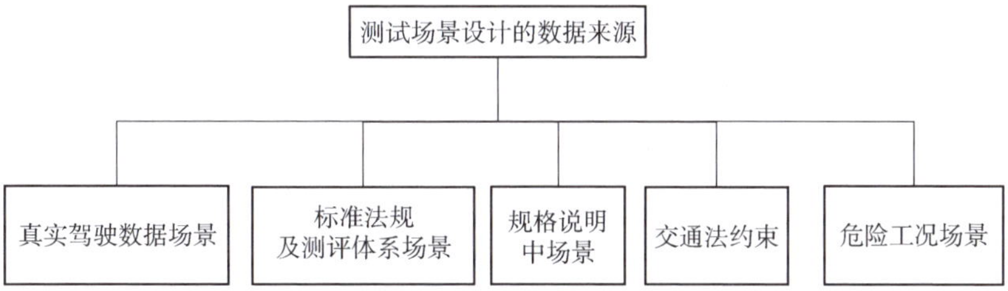

图 3-1-6　测试场景设计的数据来源

1. 标准法规及测评体系场景

科学完善的测试评价是智能网联汽车主动安全系统研发的重要组成部分，也是汽车安全运行的必要前提。对于主动安全系统的技术进步和应用推广，必须有一套完善的测试评价方法作为支撑，所以围绕对主动安全系统的开发和测试的需求，欧盟、美国、中国等国家或地区的交通标准法规制定部门及汽车测评机构出台了一些主动安全系统的体系标准以及测试评价体系。

标准法规及测评体系所衍生出的场景是指根据车辆运行当地执行的相关标准构建的测试场景以及当地政府官方机构推出的测试评价体系管理规定中的测试场景，是验证智能网联汽车主动安全系统有效性的基础测试场景。国内目前主要的标准测试场景来源有国际标准化组织 ISO、中华人民共和国国家标准 GB/T、中国机械行业推荐性行业标准 JB/T、NHTSA 等，包括：GB/T 26773—2011《智能运输系统 车道偏离报警系统 性能要求与检测方法》、GB/T 33577—2017《智能运输系统 车辆前向碰撞预警系统 性能要求和测试规程》、GB/T 20608—2006《智能运输系统 自适应巡航控制系统 性能要求与检测方法》、JT/T 1242—2019《营运车辆自动紧急制动系统性能要求和测试规程》、JT/T 883—2014《营运车辆行驶危险预警系统技术要求和试验方法》、ISO 15623—2013《运输信息和控制系统 前方车辆碰撞警告系统性能要求和试验规程》、ISO 15622—2018《智能交通系统 自适应巡航控制系统 性能要求和测试程序》、ISO 17361—2017《智能交通系统中车道偏离警告系统的性能要求和测试程序》、ECE R130《Uniform provisions concerning the approval of motor vehicles with regard to the Lane Departure Warning System（LDWS）》、ECE131《Uniform provisions concerning the approval of motor vehicles with regard to the Advanced Emergency Braking Systems（AEBS）》等；测试评价体系主要包括 E-NCAP、C-NCAP、I-VISTA、C-IASI 管理规程中所涉及的相关测试场景等。这些标准以及测试评价体系的管理规则中都包含相对应的测试方法，通常通过测试方法的具体内容来构建测试场景，并对汽车应有的基本能力进行测试。

2. 真实驾驶数据场景

真实驾驶数据场景是显示世界真实发生的，经过车辆传感器、测试传感器或以其他形式记录保存下来的形式数据，主要来源于真实驾驶数据、交通事故复原等。真实驾驶数据是指在车辆封闭场地测试或道路测试中通过在车辆上加装激光雷达、摄像头、高精度惯性导航系统的多传感器采集平台，在车辆正常行驶或测试过程中采集的场景数据。道路测试中当出现智能网联汽车先进辅助驾驶系统错误工作时，将场景数据进行保留并建立仿真场景，可在环虚拟仿真软件中对更新迭代后的软件进行测试，提高开发效率。

真实驾驶数据场景数据采集平台由被测车辆、任务执行车辆、视频采集相机、惯性导航组合系统、CAN 数据测试仪、图像采集卡和电脑等组成，如图 3-1-7 所示。

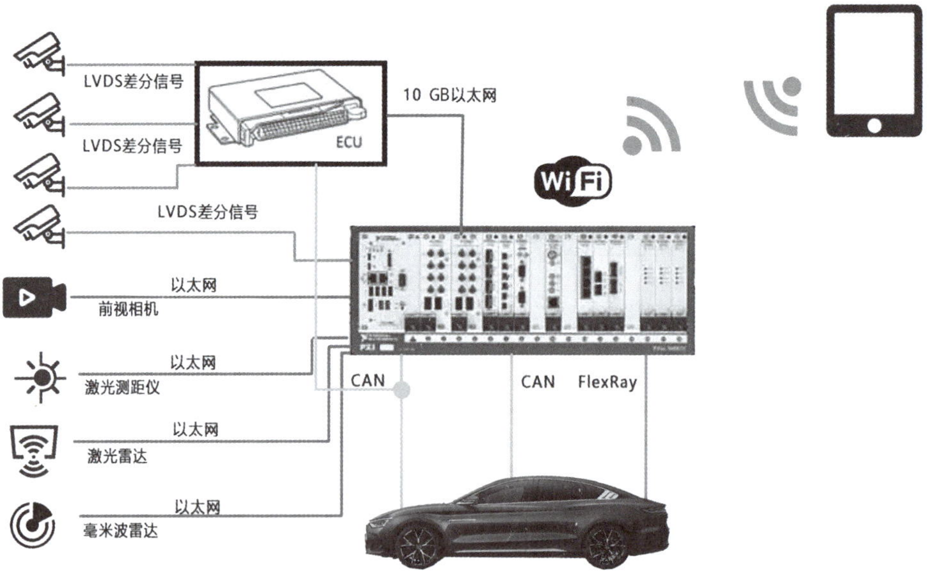

图 3-1-7 实车路测采集数据硬件

另外，在智能网联汽车的路测阶段中，如果出现了智能化相关功能的误触发或应该触发功能时系统无反应，我们可以将这些场景提炼出来，作为本系统的问题场景。通过收集真实驾驶数据，我们可以构建这些场景，并在后续的测试中进行针对性的验证，以避免类似问题再次发生。

当智能网联汽车的智能化功能出现误操作时，可能会导致车辆无法正确识别道路标志、障碍物或其他交通参与者。例如，如果车辆在高速公路上通过摄像头采集交通标志牌信息，在一特定角度和特定光照下误将限速是 120 km/h 的标志识别为 100 km/h，那么这个场景就可以被提炼出来。通过采集真实驾驶的数据，我们可以模拟这个场景并在测试中进行反复回放验证。

同样地，如果智能网联汽车的智能化功能出现漏操作，也需要引起重视。例如，如果车辆无法及时感知到前方突然变道的车辆，并做出相应的躲避动作，这就是一个潜在的漏操作场景。我们可以利用真实驾驶数据来构建这种情况，并在测试中针对性地验证车辆的反应和性能。

通过将这些问题场景提炼出来，并结合真实驾驶采集的数据，我们可以更全面地评估智能网联汽车的智能化功能。这样的测试方法有助于发现和解决潜在问题，提高系统的稳定性和可靠性。

3. 交通法约束

我国的道路交通基本方式由《中华人民共和国道路交通安全法》和《中华人民共和国道路交通安全法实施条例》所规定。因此，智能网联汽车的基本行驶规则必须符合我国的交通通行体系，这包括右侧通行、高速公路的时速要求、礼让行人、转弯让直行等模式。

在测试智能网联汽车的功能时，我们可以结合先进驾驶辅助系统的功能，将法律法规中与先进辅助驾驶系统功能相对应的条目提炼出来，并形成相应的测试场景。举个例子，智能限速功能对应的条目是将高速公路最高时速设定为 120 km/h，这个场景可以被提炼出来，在测试中验证智能网联汽车是否能够正确识别并适应该限速要求。另一个例子是自动远近光控制功能，它对应的条目是在通过隧道时应打开灯光，我们可以根据这一条目，构建一个测试场景，即测试智能网联汽车在进入隧道时是否能够自动控制车灯的亮度。

通过将法律法规中的相关条目与智能网联汽车的功能对应起来，我们可以更加准确地测试与验证这些功能的有效性和合规性。这样的测试方法有助于确保智能网联汽车在行驶过程中遵守我国的交通法规，并为驾驶员提供更安全、便捷的驾驶体验。

4. 规格说明中场景

根据智能网联汽车技术相关开发企业智能网联汽车相关部件的设计规格来获取测试场景，测试场景被构建出来的目的是确认开发的部件是否满足其设计要求。这些测试场景的构建是基于产品在规划阶段的功能和性能要求的，例如对 LKA 的工作车速要求为 30 ~ 150 km/h，那么对应即要对是否能够在这个速度区间内将功能激活进行测试。

5. 危险工况场景

危险工况场景的数据主要来源于交通事故数据库，例如中国交通事故深入研究

（CIDAS）事故数据库。中国交通事故深入研究（CIDAS）自成立以来，在中国八个城市开展了广泛的交通事故现场深入研究工作，这些调查地区包括平原、高原、丘陵和盆地等不同地形，涵盖了城市、山区、高速公路和乡村道路等各种道路类型。CIDAS 建立了一份全面的事故数据库，其中包含了事故前、事故过程和事故后的所有阶段所涉及的人员、车辆、道路、环境等方面的信息。

CIDAS 事故数据库的建立对于研究测试场景至关重要，不仅为科学研究提供了宝贵的数据资源，也为汽车行业的发展和安全性能提升提供了重要参考。基于这些数据，我们可以评估车辆在不同场景下的安全性能，制定更严格的安全标准和法规，并指导智能网联技术的开发与应用。

此外，CIDAS 事故数据库还可以为汽车行业的标准、法规、C-NCAP、智能网联测试场景设置以及相关标准的修订提供数据支持，同时也为车辆碰撞预警系统、自动驾驶技术和交通管理等方面的研究提供了有力支持。

从 CIDAS 乘用车参与事故类型统计表 3-1-2 中可得，“车-车碰撞事故”发生比例占所有事故的 13. 18%，其中尾随事故占“车-车碰撞事故”的 21. 74%，撞静止车辆占“车-车碰撞事故”的 11. 59%，正面碰撞占“车-车碰撞事故”的 12. 32%，侧面碰撞占“车-车碰撞事故”的 42. 75%，多车事故占“车-车碰撞事故”的 3. 62%；另外车-两轮车碰撞发生比例占所有事故的 53. 30%；车-行人碰撞发生比例占所有事故的 20. 44%。

表 3-1-2 CIDAS 乘用车参与事故类型统计

事故类型	事故数量	比重/%	事故类型	伤亡数量	比重/%
正面碰撞	17	1. 62	正面碰撞	39	9. 47
侧面碰撞	59	5. 64	侧面碰撞	97	23. 54
尾随碰撞	30	2. 87	尾随碰撞	58	14. 08
同向刮擦	11	1. 05	同向刮擦	16	3. 88
撞固定物	40	3. 82	撞固定物	81	19. 66
撞静止车辆	16	1. 53	撞静止车辆	24	5. 83
多车事故	5	0. 48	多车事故	9	2. 18
刮擦机动两轮车	558	53. 30	刮擦机动两轮车	9	2. 18
刮擦自行车	63	6. 02	刮擦自行车	0	0. 00
刮擦行人	214	20. 44	刮擦行人	7	1. 70
翻滚	5	0. 48	翻滚	12	2. 91
驶出路外	27	2. 58	驶出路外	55	13. 35
坠车	1	0. 10	坠车	2	0. 49
其他	1	0. 10	其他	3	0. 73

通过 CIDAS 统计的事故场景中所有乘用车事故场景的典型事故场景进行分析，CIDAS 乘用车事故统计中将事故类型分为了四种：车辆与两轮车事故、车辆与行人事故、车辆间事故、单车事故。其中，车辆与两轮车事故最多，且作为交通弱势参与方的两轮车驾乘人员伤亡最为严重，其各项占比见表 3-1-3。

表 3-1-3　中国道路交通典型场景事故类型比例　%

事故类型	轻伤占比	重伤占比	死亡占比
车辆与两轮车	62.5	58.4	42.1
车辆与行人事故	12.3	18.0	31.2
车辆间事故	18.9	17.3	17.7
单车事故	6.3	6.3	9.1

以占比最大的车辆与二轮车事故场景为例，伤亡总数为 5410 人，事故主要是因为机动车未能正确礼让二轮车，地点主要集中在城市道路交叉路口处，尤其是无信号灯的路口居多，具体事故类型见表 3-1-4。

表 3-1-4　车辆与二轮车事故典型类型　%

排序	事故场景类型	占比
第一名	十字路口，具有等待义务的直行车辆与右侧直行的二轮车	17.9
第二名	十字路口，具有等待义务的直行车辆与左侧直行的二轮车	16.3
第三名	左转路口，左转车辆与对向直行二轮车	9.7
第四名	右转路口，右转车辆与人行道或自行车道上同向直行二轮车	6.6
第五名	左转路口，左转车辆与后方同向接近的二轮车	6.4

通过事故场景在整个事故数据统计中的占比与排序，在智能网联汽车测试评价体系的构建中建立典型的交通事故场景。C-NCAP 的测试场景设计就是依托 CIDAS 提供的数据支撑，例如依据 CIDAS 的交通事故汇总将自动紧急制动系统测试场景分车-车碰撞场景、车-行人碰撞场景、车-两轮车碰撞场景及单车碰撞进行设计。另外，危险工况场景除了典型交通事故场景外，还包括大量恶劣天气环境场景以及复杂交通道路场景。

四、构建测试场景的基本方法

1. 基本方法

在德国的 Pegasus 项目的官方文档《要求和条件 No. 5-SCENARIO DESCRIPTION AND KNOWLEDGE-BASED SCENARIO GENERATION》中对场景生成的方式进行说明，具体内容如下：

场景必须在多个层级上进行描述，在基于“V”模型开发过程的所有开发阶段中，不同阶段对应的测试场景也相对不同。产品在开发过程中共有三个阶段，分别是概念阶段（Concept phase）、系统开发阶段（System development phase）和测试阶段（Test phase），如图 3-1-8所示。

概念阶段	系统开发阶段	测试阶段
人类专家应能够用自然语言在术语领域中制定场景	场景应包括用于表示场景的状态值的参数范围	场景应通过每个状态值的单个代表进行建模，以确保可重复性

图 3-1-8　产品开发过程中的三个阶段

（1）概念阶段：行业专家们应用自然语言对项目定义，并进行危险分析和风险评估，其中定义包括功能定义、系统边界、操作环境、法规需求以及对其他项目的依赖关系的描述。

危险分析和风险评估包括两个步骤：首先，分析出所有故障行为，并描述导致危险事件的所有操作场景，将操作场景和故障行为加以组合从而得到危险场景；其次，依据汽车安全完整性级别（ASIL）对所有危险场景进行评级，ASIL 等级的定义是为了对失效后带来的风险进行评估和量化，以达到安全目标，其全称是 Automotive Safety Integration Level——汽车安全完整性等级。这个概念来源于 IEC61508，其通过失效概率的方式定义了安全完整性等级（SIL）。但是在汽车界只有硬件随机失效可以通过统计数字评估失效概率，软件失效却难以量化，因此 ISO 26262《汽车电子功能安全标准》根据汽车的特点定义了 ASIL。一般是在产品概念设计阶段对系统进行危害分析和风险评估，识别出系统的危害，如果系统的安全风险越大，则对应的安全要求级别就越高，其具有的 ASIL 的等级也越高。ASIL 分为 QM、A、B、C、D 五个等级，ASIL-D 是最高的汽车安全完整性等级，对功能安全的要求最高。

（2）系统开发阶段：在此阶段，场景应包括用于场景表示的状态值的参数范围，需要提出安全需求，描述可量化的条件。为了减少场景的数量，需要给定状态量的取值范围，或者进一步划分有效/无效的取值范围，从而明确系统边界。

（3）测试阶段：场景应通过每个状态值的单一代表进行建模，以确保再现性。为了生成测试用例的输入数据，必须从指定场景的连续参数范围中选择离散参数值，通过不同的测试方法（如模拟或场地测试），确定用于执行基于场景的测试用例所需的所有参数，导出参数化场景作为被测系统的一致输入参数，用于验证系统功能。

构建多个级别的场景可以有助于依照“V”模型的开发过程来构建场景。三个阶段对应三个不同的场景，分别是：功能场景（Functional scenario）确定实体，逻辑场景（Logical scenario）确定属性及范围，具体场景（Concrete scenario）确定属性取值。

（1）功能场景的生成：在概念阶段，功能场景是最简略抽象的场景，常利用功能场景对系统进行定义、危害分析和风险评估（ASIL 分析）。功能场景的构建方法是采用基于常识库来描述的方式生成各种功能场景，功能场景生成流程如图 3-1-9 所示。这种构建方法具有两点优势，其中第一是描述场景构建可用来支持智能网联汽车智能系统的开发和系统安全，第二是人工创造流程无法生成高多样化的场景。

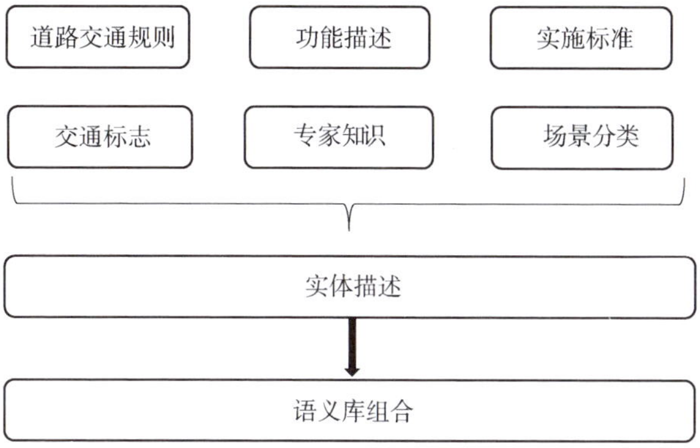

图 3-1-9　功能场景生成流程

功能场景的设计方法有以下三个步骤。

步骤一是通过道路交通规则、功能描述、实施标准、交通标志、专家知识、场景分类等来构建场景基本语义，例如根据交通场景我们可以将实体元素先简单分为两类，一类是基础道路网络，而另一类是动态目标。语义符号是我们已知的交通相关知识的汇总，包括实体语义符号，例如车辆、道路、交通基础设施以及其他交通参与者；动作语义符号，例如超车、跟随、加速；道路语义符号。

步骤二是将语言符号按照 6 层模型来构建对场景实体的描述，例如道路的描述包括直道、弯道、几何尺寸、坡度、车道数量等，车辆属性描述包括位置、动作等，交通设施属性包括位置、动作、颜色等。

步骤三是将场景描述语义库进行组合，最终形成大量的功能场景。

以上就是功能场景生成的方法，功能场景对跟车（"Follow"）功能的描述如图 3-1-10 所示。

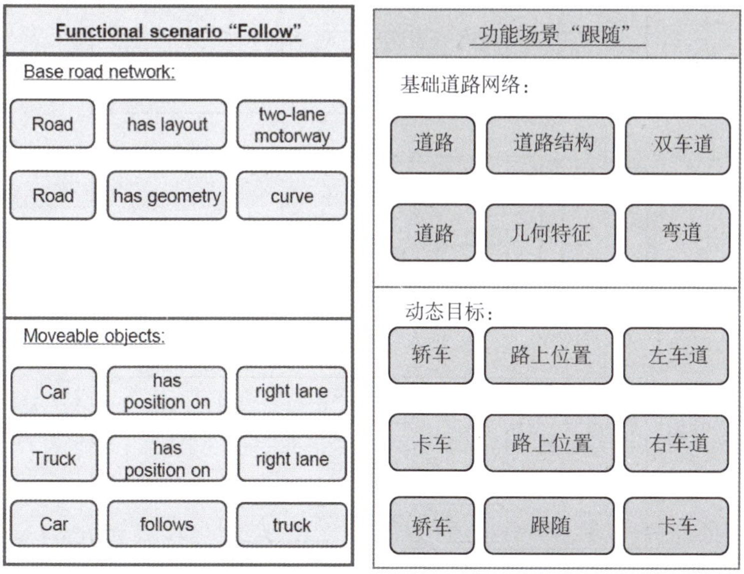

图 3-1-10　功能场景对跟车功能的描述

最后可以将场景导出为基于 HTML 格式的可视化场景（应用于虚拟仿真），这样的功能场景生成方法最终能够生成超过 10 000 个功能场景。

（2）逻辑场景生成：从功能场景到逻辑场景，功能场景可以自动转换为仿真格式，并为以此为基础生成测试用例，具体的转换过程如图 3-1-11 所示。

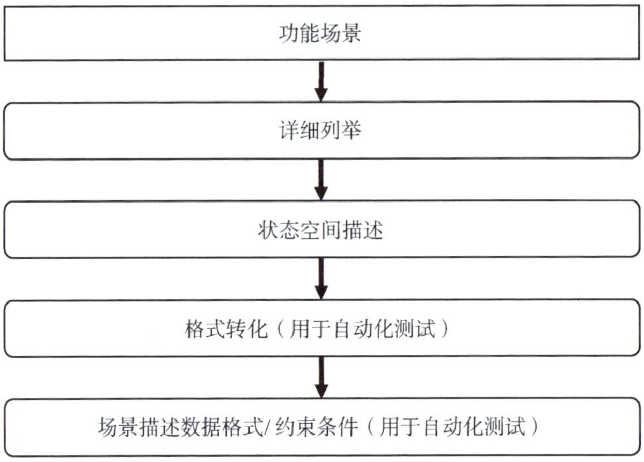

图 3-1-11　功能场景转化逻辑场景流程

逻辑场景是对功能场景的进一步详细描述，可以用于满足项目开发生成阶段的需求。逻辑场景主要描述测试空间范围和时间范围内实体与实体间的关系，需要对状态空间中的参数范围进行确定，范围的确定依据实际场景的参数由公式计算获得。以跟车场景为例，将功能场景转化为逻辑场景的过程如图 3-1-12 所示，最终得到逻辑场景对于跟车场景的描述，如图 3-1-13 所示。

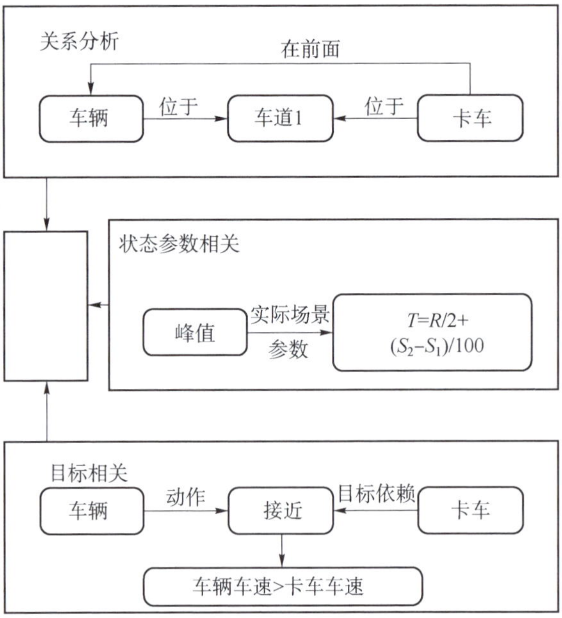

图 3-1-12　跟车场景转化图

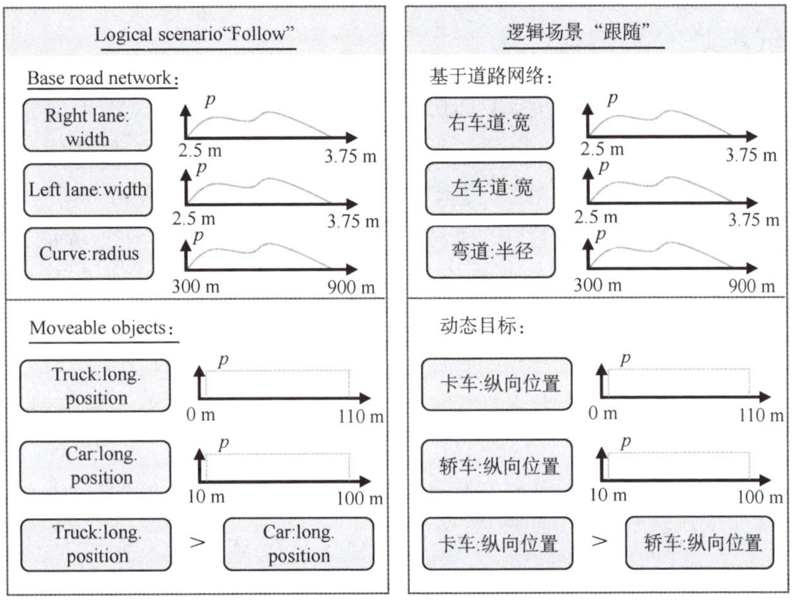

图 3-1-13　逻辑场景对于跟车场景的描述

（3）具体场景：通过在逻辑场景的状态空间中选择需要测试的参数值来介绍实体与实体之间的实际关系，这个参数值是根据参数属性范围选择具有代表性的离散值进行组合，例如在车速 0~120 km/h 之间选择 30 km/h、60 km/h、90 km/h、120 km/h 四个车速进行测试，涵盖低速、中速、高速、极限速度四个场景，通过参数选择出有代表性的场景进行组合，这就是测试用例设计的基础。在功能场景、逻辑场景和具体场景中，只有具体场景可以生成测试用例并用于具体的测试工作中。具体场景对于跟车场景的描述如图 3-1-14 所示。

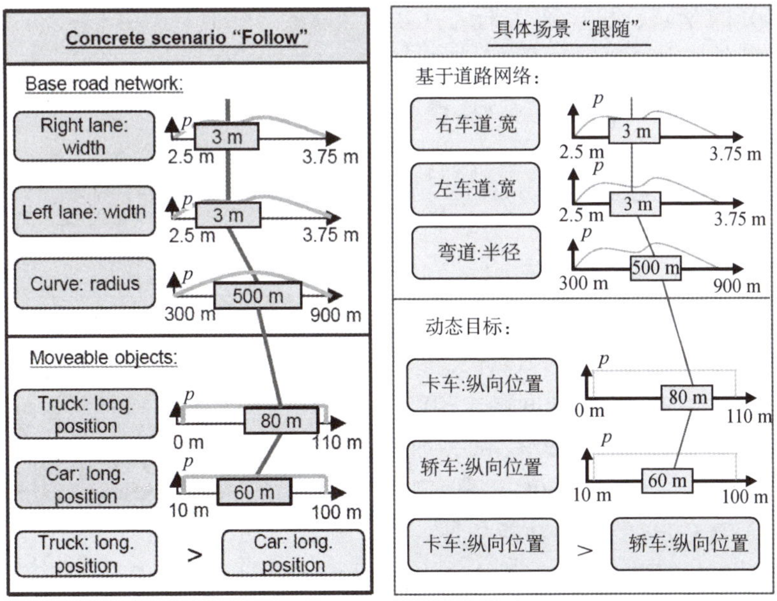

图 3-1-14　具体场景对于跟车场景的描述

五、测试场景库的构建

智能网联汽车测试场景库是由满足其功能测试需求的一系列测试场景构成的数据库，目前应用较多的是先进辅助驾驶系统测试场景库，未来将会向自动驾驶测试场景库发展。在智能网联汽车开发的不同阶段，其测试场景库的构建需求和数量也相对不同。

在开发验证阶段，测试场景库的目的是对智能网联汽车的功能场景进行验证，实现开发过程中对功能及时地进行测试调整和快速迭代。因此对开发验证阶段的测试场景库要求如下：

（1）测试场景应尽可能对所有功能实现全覆盖，帮助开发工程师对系统进行及时调整和快速迭代；

（2）测试场景尽可能容易在大多数现实场景实施，天气等不影响验证功能逻辑的要素可以简略；

（3）测试场景能够在“V”模型开发中的模型在环测试、软件在环测试、硬件在环测试、车辆在环测试中应用。

在测试评价阶段，该阶段对测试场景库的要求是能够对智能网联汽车的不同功能在各个维度进行性能测试评价，对测试评价阶段的场景库要求如下：

（1）与式样中的指标要求进行对标，从而对各项性能指标进行针对性评价，例如自适应巡航控制系统的加速减速是否舒适，等等；

（2）测试场景要素特征与指标符合真实交通场景。

在检测认证阶段，测试场景库在国内目前主要的测试标准 ISO、ISO、GB/T、NHTSA、NCAP、i-VISTA、C-IASI 中提取，其测试标准统一可推广至类似车型使用，具备可重复性和一致性。

任务实操

经过这部分的学习，根据国家标准 GB/T 39901—2021《乘用车自动紧急制动系统（AEBS）性能要求及试验方法》中对 AEB 功能的试验方法，构建一套相对应的功能场景-逻辑场景-真实场景。

（1）C-NCAP 管理规程中 AEB CCRs 场景测试的介绍。

CCRs：目标车辆在测试车辆行驶路径上，测试车辆按照规划路径行驶；测试车辆分别以 20 km/h、30 km/h 和 40 km/h 的速度测试 AEB 功能，以 50 km/h、60 km/h、70 km/h 和 80 km/h 的速度测试 FCW 功能；另外重叠率分别为-50%、100%、+50%，即所有速度点的100%重叠率全部测试，-50%、+50%重叠率默认对称。

（2）设计 AEB CCRs 测试的功能场景、逻辑场景以及具体场景，并补充图 3-1-15～图 3-1-17中内容。

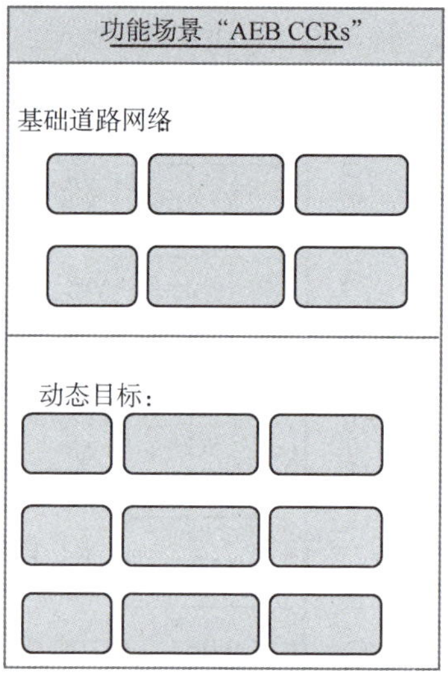

图 3-1-15　功能场景“AEB CCRs”

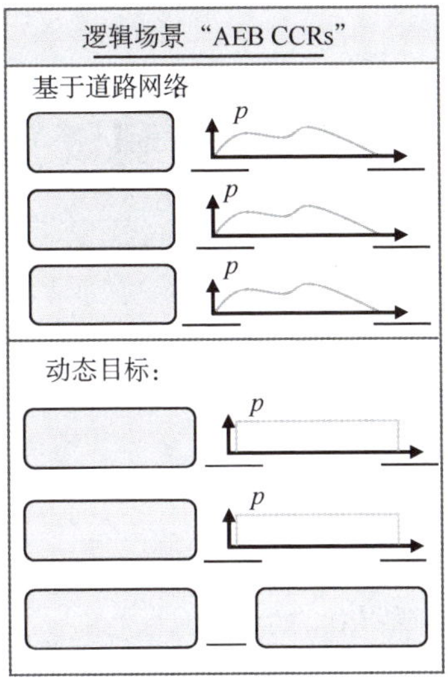

图 3-1-16　逻辑场景“AEB CCRs”

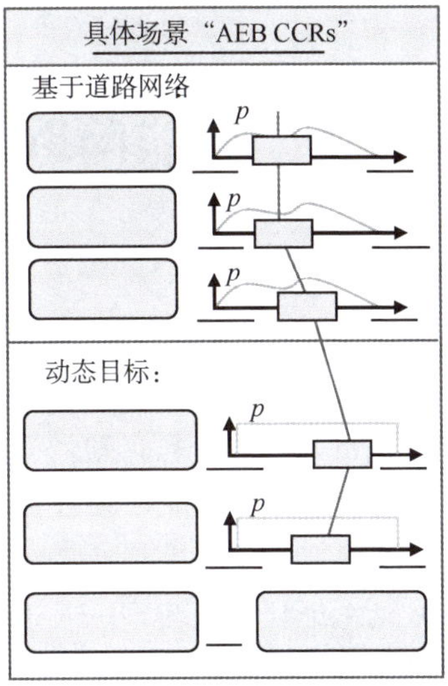

图 3-1-17　具体场景“AEB CCRs”

项目二　智能网联汽车主动安全系统测试用例设计

任务目标

1. 了解测试用例的类型和特点；
2. 了解智能网联汽车测试场景数据的来源；
3. 掌握智能网联汽车先进辅助驾驶系统测试场景库的构建；
4. 具备常见先进辅助驾驶系统测试场景库的构建能力；
5. 培养对智能网联汽车等先进技术的专业认同感。

任务导入

作为一名智能网联汽车测试工程师，当前需要你对一辆智能网联汽车的先进辅助驾驶系统进行系统功能测试，是行驶大量的里程后获得测试结果，还是通过先设计好一套比较合理且全面的测试场景库来实现对系统全面的测试，获得测试与评价结果？

知识储备

一、测试用例

测试用例（Test Case）是为某个特殊目标而编制的一组测试输入、执行条件以及预期结果，以便测试某个程序路径或核实是否满足某个特定需求。测试用例是测试工程师关键的工作产物，也最能够反映测试工程师的测试能力，同时也是测试工程师实际工作的依据。软件测试的目的是发现软件中存在的缺陷，而好的测试用例在满足用例设计规范的基础上，能够在短时间内发现系统软件中的错误，同时提供足够的测试覆盖度，且能够保证测试工作不会因为测试人员的离职而受到影响。一个优秀的测试用例是测试人员以及公司重要的能力积累。测试用例构成的要素：测试用例用途、需求编号、用例编号、用例名称、预置条件、测试步骤、预期结果、测试结果、备注、用例级别、自动化类型、测试人员、测试项目、测试版本、测试时间、变更人员、变更时间、变更内容、设计人员、设计时间，等等。

用于智能网联汽车软件测试的测试用例主要针对于主动安全系统以及车联网系统的软件进行测试，目的是确保汽车软件在各种条件下的正确运行和稳定性。根据测试目标将测试智能网联汽车的测试用例共分为以下五个类型：

（1）功能测试用例：验证 ADAS 系统各项功能是否按照设计要求正常工作，例如自动紧急制动、自适应巡航控制、车道保持辅助等功能。这些测试用例应该覆盖各种常见的行驶场景和情况，如不同车速和天气条件等。

（2）性能测试用例：测试 ADAS 系统在各种条件下的性能表现，例如系统的反应时间、准确性以及对于不同车速、距离等参数的变化是否能够正确响应和适应。

(3) 兼容性测试用例：测试 ADAS 系统与其他车辆系统的兼容性，例如与车辆的制动系统、加速控制系统等的协同工作情况。这些测试用例有助于确保 ADAS 系统能够与其他车辆系统正确配合工作。

(4) 安全性测试用例：验证 ADAS 系统在遇到故障或异常情况时的安全性能。例如，当传感器失效或出现其他故障时，系统是否能够正确识别并采取相应的措施来保证驾驶安全。

(5) 人机交互测试用例：测试 ADAS 系统与驾驶员之间的交互界面和反馈机制。例如，测试系统的警告提示是否准确、是否易于理解，以及是否能够引导驾驶员正确操作。

综合考虑以上五个方面，可以设计出全面覆盖 ADAS 系统功能和性能的测试用例，以验证系统的准确性、可靠性和安全性。一套能够验证软件功能、性能、稳定性和安全性且全面、准确、可执行的汽车软件测试用例具备以下特点：

(1) 完备性：测试用例应覆盖软件的所有功能和业务逻辑，以确保所有的功能都得到测试和验证。测试用例应考虑各种正常和异常情况，以尽可能发现潜在的缺陷。

(2) 可行性：测试用例应具有可执行性，即可以实际操作和验证。测试用例应基于实际的场景和使用情况，与实际的驾驶环境相符合。

(3) 一致性：测试用例应具有一致性，即相同的功能或业务逻辑应有相同的测试方法和预期结果，这有助于提高测试的可重复性和可比性。

(4) 精确性：测试用例应具有准确的输入和预期输出，以确保对软件功能进行准确的验证。测试用例应详细描述输入数据、操作步骤和预期结果，以便测试人员能够准确执行和评估。

(5) 多样性：测试用例应具有多样性，覆盖不同的使用情况和场景。这包括不同的驾驶条件、车速和天气条件等，以验证软件在不同情况下的稳定性和可靠性。

(6) 可追溯性：测试用例应与需求规格和设计文档相对应，以确保测试的目标和覆盖范围。测试用例应能够追溯到相应的需求和设计，以便跟踪、管理测试进度和测试覆盖率。

(7) 自动化性：对于重复性高的测试，可以考虑使用自动化测试工具和脚本来执行测试用例，这可以提高测试效率和准确性，并加快测试周期。

二、测试用例的设计

在计算机软件测试领域中测试用例常见的编写方法包括等价类法、边界值法、正交实验法、错误推断法四种，利用场景测试法、需求设计转换法等进行辅助设计，可以应对大多数软件产品的测试用例设计。随着科技的不断进步，汽车的主动安全功能日益完善。为了确保汽车主动安全功能的可靠性和稳定性，进行全面的测试是必不可少的。在智能网联汽车中测试用例设计的关键是能否全面覆盖所有智能化功能及其使用场景。

(1) 等价类法：根据需求将被测对象所有可能的输入划分为若干集合，集合中每一个元素（除上点、离点）对于发现错误的效果是等价的。等价类法分为有效等价类和无效等价类两种类型，有效等价类是指对于被测对象，集合中的每一个元素都是有效的输入数据；无效等价类是指按照设计规格说明其无意义，集合中的元素都是无效的输入数据。

例如在车道保持系统的测试中，对车道保持功能支持的车速这一系统输入集合设置中，已知车道保持系统的可运行车速区间为［20，120］km/h，则有效等价类和无效等价类的设置见表 3-2-1。

表 3-2-1　有效等价类和无效等价类的设置

输入	输入条件	编号	有效等价类	编号	无效等价类
车速	［20，120］	1	［20，120］	1	<20
				2	>120

根据输入条件完成有效等价类和无效等价类的划分后，在有效等价类的范围内尽可能优先覆盖尽可能多的测试点，例如在表 3-2-1 所示设计车速的有效等价类中提取 20 km/h、40 km/h、60 km/h、80 km/h、100 km/h、120 km/h 共 6 个测试点进行测试；对无效等价类单独设计测试用例，例如对 10km/h 进行测试，确定系统功能是否无法启动。

（2）边界值法：大多数的软件缺陷都出现在输入的上下边界上或者边界的附近，如果边界以及边界附近的值都不会引发错误，则集合内其他的值引发错误的概率也会非常低。

边界值法是一种基于输入和输出的测试用例设计方法，它主要关注在输入和输出的边界附近进行测试，因为通常边界上的错误更容易被发现。其中上点是输入边界上的点；离点是离上点最近的点，如果输入域为开区间，则离点在有效范围内，如果输入域为闭区间，则离点在有效范围外；内点为输入域范围内的点。

该方法假设系统在边界处更容易出错，并且将测试用例集中在这些边界值附近。例如，某款智能网联汽车车道保持系统的工作车速是 30~150 km/h 的闭区间，那么边界值法会选择测试上点为 30 km/h、150 km/h，离点为 29 km/h、151 km/h，内点为31 km/h、149 km/h 等边界值以及其他一些在边界附近的值来检测系统功能的正确性。

（3）场景法：场景法是一种基于实际使用场景的测试用例设计方法，它通过模拟真实的用户行为和操作过程来设计测试用例。该方法侧重于系统在特定场景下的功能和性能表现。测试用例根据不同的场景设计，每个场景包含了一系列相关的操作步骤和预期结果。例如，在汽车导航系统的测试中，可以设计场景来测试导航功能、搜索功能和路径规划功能等。

（4）状态迁移图法：状态迁移图法是一种基于系统状态的测试用例设计方法。它适用于具有明确定义状态转换的系统，汽车软件利用状态机的状态切换来设计控制系统的复杂控制逻辑。该方法通过描述系统在不同状态之间的转换来设计测试用例。测试用例包括输入当前状态和预期的下一个状态。状态迁移图法可以帮助测试人员全面地覆盖系统中各个状态和状态转换的组合。

（5）正交实验法：由数理统计学科中正交实验方法进化出的一种测试多条件、多输入的用例设计方法，是从大量的（实验）数据（测试例）中挑选适量的、有代表性的点（例），从而合理地安排实验（测试）的一种科学实验设计方法。

（6）MCDC 法：MCDC（Modified Condition/Decision Coverage）法，即修改条件/决策覆盖，在 MCDC 方法中，每个条件和决策都必须至少被测试一次，并且所有可能的情况都需要被覆盖到。

具体来说，MCDC 要求测试用例必须满足以下几个条件：每个独立条件都必须至少被测试两次，一次为真（True）和一次为假（False），这意味着每个条件都必须能够影响到程序的执行路径；每个独立条件的取值组合都必须被测试到，这意味着需要考虑到所有可能的条件组合，以确保所有路径都被覆盖到；每个独立决策都必须至少被测试两次，一次是为了满足真条件的情况下，另一次是为了满足假条件的情况下，这确保了每个决策都会在不同的条件下被执行。通过使用 MCDC 方法，可以更全面地测试代码，并发现潜在的逻辑错误或漏洞。它能够提供更高的覆盖率，尤其是在涉及复杂条件和决策的代码中。然而，由于 MCDC 方法要求测试用例非常全面和详尽，因此它可能需要更多的时间和资源来实施。

三、测试用例的设计流程

测试用例的设计首先要整理测试用例设计的输入资源，如图 3-2-1 测试用例设计输入所示，测试用例设计的输入资源包括开发文档、功能规格说明书、硬件规格说明书、架构设计文档、CAN 矩阵信息表、诊断信息表、质量问题管理表、产品需要符合的标准规范以及以往的测试经验等。测试用例设计的具体流程如图 3-2-2 所示。

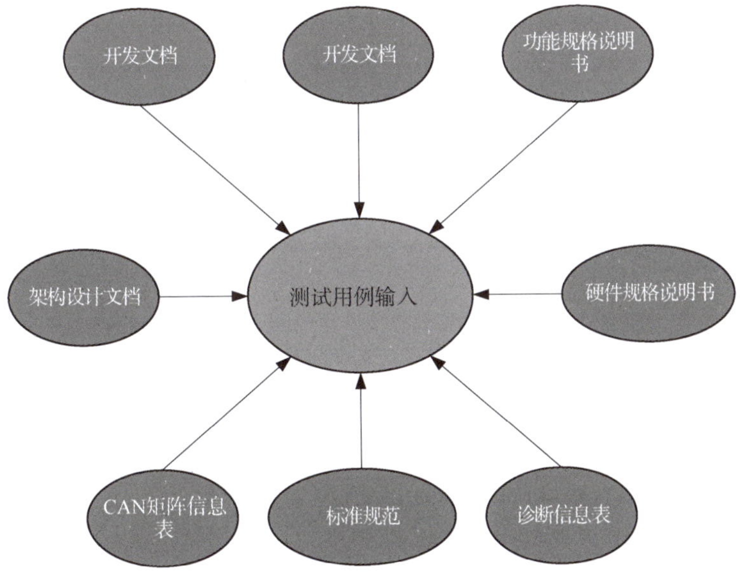

图 3-2-1　测试用例设计输入

1. 分析功能需求

利用以上的测试输入资源进行功能需求分析，将功能需求拆解成最小的可测单元是软件测试中非常重要的一步，最小的可测单元的标准是测试只有一个明确的输出结构，需要避免预期的输入产生多个输出结果的情况，这会导致测试结果不确定，难以判断软件是否符合预期。

2. 确定功能属性并选择测试用例的设计方法

确定最小测试单元的软件功能属性，如表 3-2-2 所示，将常见的功能属性、适合使用的测试用例设计方法以及属性样例进行列举。在汽车软件测试过程中，常用的测试用例方法

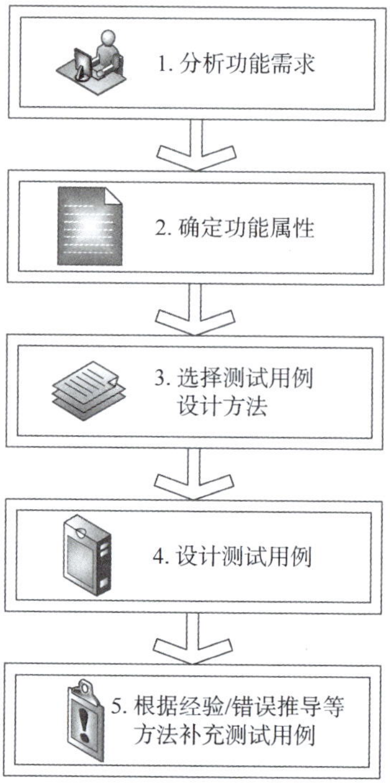

图 3-2-2　测试用例设计的具体流程

包括：边界值、等价类、状态跳转类、场景分析法、路径分析法、MCDC、路径覆盖。此外，如果是功能安全项目的测试，选择测试用例设计方法需要根据具体的功能安全目标 ASIL 等级进行确定。

表 3-2-2　常见功能属性及合适的测试用例设计方法

功能属性	样例	测试用例设计方法
阈值类	车道保持系统的工作车速为 30~150 km/h	边界值法、等价类法
查表类	车道保持系统线控转向控制扭矩通过车速和弯道半径进行查表	边界值法、等价类法
配置类	在软件中通过配置字的不同参数写入来实现某一功能，应通过不写和写入不同的配置字进行测试	等价类法
条件使能类	满足条件 1 和条件 2 则进入功能 A	边界值法、等价类法、MCDC 法
故障类	满足条件 1 则触发功能故障，关闭条件 1 则功能恢复	等价类
流程类	AEB 功能开启流程	边界值法、等价类法、场景分析法
状态跳转类	车道保持系统的关闭状态、待机状态、激活状态、工作状态之间的跳转	状态迁移图、等价类法、MCDC 法

3. 设计测试用例

根据测试用例要求的要素进行编制测试用例文档。

4. 根据经验/错误推导等方法补充测试用例

经过长时间的测试工作后，根据测试工程师的经验/错误推导等设计测试用例，其对应测试工程师的要求很高，是一种站在开发者的角度设计测试用例的方法，是对开发者的一种查漏补缺，目的是用经验的测试用例筛选出开发需求的问题，是测试工程师能力的重要体现及能力的分水岭。

四、测试用例设计的评审

测试用例的评审是在测试用例设计后由测试人员、测试负责人以及项目软件经理等进行联合评审，评审针对测试用例的整体设计思路、测试覆盖度、测试用例的定义、测试用例的复用性、测试用例的自动化测试转化能力等方面进行评估。

（1）测试用例的整体思路。

评审 ADAS 系统的测试用例，首先要关注该测试用例设计的整体思路。测试用例的设计要能够考虑目前能够实现的测试环境的实际条件，以及软件变更的关键程度和优先级，最终确定合理的测试优先级或先后次序以及测试用例数目。由于软件缺陷通常出现在软件的薄弱环节，即集中于不稳定的一小部分软件功能，因此测试用例的设计应着重注意分析这些软件功能。

（2）测试用例的测试覆盖度。

对涉及驾驶安全的关键汽车软件，相比于一般软件而言不仅要对规格式样中定义的每个需求都有相应的测试用例，也要根据测试工程师的相关经验、路测数据中的特殊场景以及其他相关项目中横展的开发问题进行测试用例的设计，以实现对特殊边界以及特殊场景的覆盖。

（3）测试用例的定义。

评审 ADAS 系统的测试用例，由于其测试中除了测试用例设计人员外，还需要大量测试相关人员的参与，因此测试用例的描述是否清晰、明确、完整，决定了测试的效率以及准确性。比如，测试的前提条件是否存在、测试步骤是否简明清楚、有没有明确的预期结果、预期结果是否符合规格式样中的需求。

（4）测试用例的复用性。

不同车型所搭载的 ADAS 系统若具备相近的功能，则其测试用例是可以复用的，这样将极大地提高测试效率。因此评审测试用例时要注意测试用例是否具有重复使用的功能。

（5）测试用例的自动化测试转化能力。

在 ADAS 系统的在环仿真测试中，运用自动化测试是提高测试效率的一种有效手段。在评审测试用例时要考虑该测试用例是否具有易于向自动化测试的测试用例转化的能力，格式上是否符合自动化测试软件的接口要求。

任务实施：C-NCAP 测试用例设计

根据 C-NCAP 管理规则中对 AEB CCRs 的测试场景的要求，利用本任务介绍的测试用例设计流程与方法，结合测试场景进行封闭场地实车测试用例的设计。

（1）确定测试场景。

C-NCAP 管理规则中对于 AEB CCRs 前车静止测试场景的设置为静止目标车在被测车辆的行驶路径上，被测车辆按照规划路径行驶，如图 3-2-3 所示。

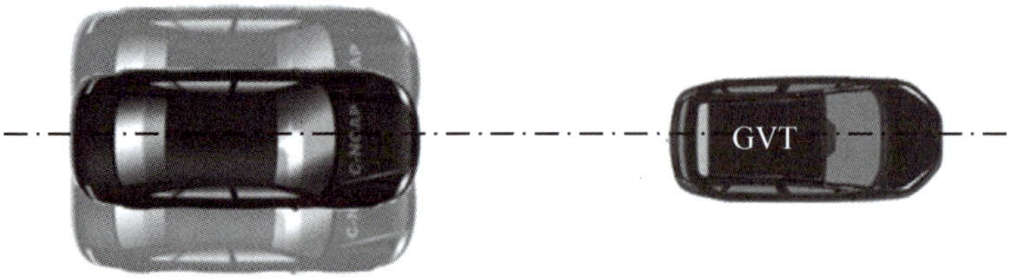

图 3-2-3　测试场景

（2）确定自车状态。

确定自车在测试时的状态，根据 C-NCAP 管理规则中对 AEB 功能的测试要求，应对 20 km/h、30 km/h、40 km/h 测试点分别进行测试。

（3）利用场景法设计测试场景。

根据确定的测试场景、自车状态以及其他附属条件，通过场景法设计测试场景并填入表 3-2-3中。

表 3-2-3　设计测试场景

自车状态					目标物状态									环境条件			车道信息		
碰撞重合度（车道中心为0）	自车速度/(km·h^{-1})	自车偏离车速/(m·s^{-1})	自车朝向	灯光状态	目标物类型	目标物颜色	目标数量	开始测试距离/m	目标物速度/(km·h^{-1})	目标物朝向	位置/m（车道中心为0）	目标物动作	灯光状态	路灯情况	天气	时间段	道路类型	路面状况	道路坡度

（4）编写测试用例。

测试用例应使用 Excel 进行编写，在封面页应包括项目代号、测试名称、测试软件版本、测试硬件版本、测试人员、测试时间、测试地点等。在测试用例页的标题应包含序号、功能模块名称、场景示意图、测试步骤、自车状态（前置磨合条件、自车速度、自车朝向、碰撞重合度、车灯状态、自车偏离速度等）、目标物状态（目标物类型、目标数量、前置准备条件、测试起始相对距离、目标物速度、目标物朝向、相对车道中心线横向偏离距离、目标物动作、灯光状态等）、环境条件（路灯情况、天气、时间段等）、车道信息（道路类型、路面状况、道路坡度等）、预测结果（是否发生碰撞、TTC 值、碰撞自车速度、刹停相对距离）、测试日期、版本号、测试人员、测试车辆编号、测试数据保存名称、问题备注等。

基于 C-NCAP 规程的测试用例样表在附录二中为各位同学提供参考。

模块四

智能网联汽车仿真测试

项目一　初识智能网联汽车虚拟仿真软件

任务目标

1. 了解国内外主流的测试软件；
2. 了解国内主流的汽车；
3. 具备智能网联汽车仿真测试软件的部署能力；
4. 具备智能网联汽车主动安全测试虚拟仿真场景的搭建能力。

任务导入

智能网联汽车的测试工作要覆盖所有的使用场景，那么在真实世界中出现的概率极低的危险场景如何去测试，难道要测试人员冒着生命危险进行测试？目前汽车行业通常利用虚拟仿真技术，在保障安全、高效的前提下，可实现更充分的测试验证效果，以提高自动驾驶功能开发和测评的可靠性。

知识储备

一、智能网联汽车的虚拟仿真测试平台

智能网联汽车的虚拟仿真测试平台的关键构成包括车辆动力学仿真系统、环境感知传感器仿真系统、环境仿真系统以及交通场景仿真系统等。

1. 车辆动力学仿真系统

基于多体动力学搭建虚拟模型，将车体、转向、悬架、制动以及轮胎附着特性等真实部件的真实特性进行参数化建模，来实现控制算法对车辆横纵向控制信号输入后，获取接近真实车辆运动过程中的姿态和运动学仿真，是构建自动驾驶仿真测试系统的重要基础之一。一部分智能网联汽车虚拟仿真软件与传统车辆动力学仿真软件进行联合仿真，以利用其高准确性的车辆动力学模型，另一部分智能网联汽车虚拟仿真软件利用虚拟引擎自建动力学仿真模型。

2. 环境感知传感器仿真

智能网联汽车的环境感知传感器包括图像传感器、激光雷达、毫米波雷达、超声波雷达以及定位导航系统等，通过对环境感知传感器在物理信号仿真、原始信号仿真以及目标结果仿真三个层次进行仿真。其中物理信号仿真是难度最大的，直接仿真传感器接收到的光学信号就是摄像头的物理信号；电磁波和声波信号分别是毫米波雷达和超声波雷达的物理信号，这种仿真模式一般应用于传感器硬件在环测试中通过模拟外部环境进行输入，如图 4-1-1 所示；而原始信号仿真是跨越传感器硬件直达传感器内部计算单元将模拟传感器感知信号输入，

直接仿真数字处理芯片的输入单元。对于摄像头通过视频注入来实现，毫米波雷达则是把信号直接注入 FPGA/DSP 信号处理模块或 PC 信号处理程序；激光雷达是通过点云信号来实现；目标级信号仿真是直接将传感器检测的理想目标仿真到决策层的输入端，这种信号的形式一般是 CAN 总线输入信号或其他通信协议格式输入信号，对于摄像头、激光雷达以及毫米波雷达等传感器，均可通过 CAN 总线来实现，最终实现软件功能的快速测试。

3. 环境仿真系统

通过三维动画渲染功能为测试者以及仿真传感器提供逼真的场景环境贴图，例如树木、楼房等，同时也能对不同的天气情况进行渲染。图 4-1-1 所示为模拟下雪天气的渲染图。

图 4-1-1　模拟下雪天气的渲染图

4. 交通场景仿真

交通场景是智能网联汽车测试必要组成元素，是车辆的载体。构建接近真实的交通场景，可以对智能网联汽车进行全面的评估和测试，这包括评估系统在各种交通情况下的性能、安全性和可靠性。

二、国内外主流智能网联汽车虚拟仿真测试软件

1. PreScan

PreScan 是由 Tass International 研发的一款 ADAS 测试仿真软件，2017 年 8 月被西门子收购。PreScan 是一个模拟平台，由基于 GUI 的、用于定义场景的预处理器和用于执行场景的运行环境构成。工程师用于创建和测试算法的主要界面包括 MATLAB 和 SIMULINK。PreScan 可用于从基于模型的控制器设计（MIL）到利用软件在环（SIL）和硬件在环（HIL）系统进行的实时测试等应用，如图 4-1-2 所示。

PreScan 可在开环、闭环以及离线和在线模式下运行。它是一种开放型软件平台，其灵活的界面可连接至第三方的汽车动力学模型（例如：CarSim 和 dSPACEASM）和第三方的 HIL 模拟器/硬件（例如：ETAS、dSPACE 和 Vector）。

PreScan 由多个模块组成，使用起来主要分为四个步骤：搭建场景、添加传感器、添加控制系统、运行仿真。

1）场景搭建

PreScan 提供一个强大的图形编辑器，用户可以使用道路分段（包括交通标牌，树木和建筑物的基础组件库，机动车、自行车和行人的交通参与者库）及修改天气条件（如雨、

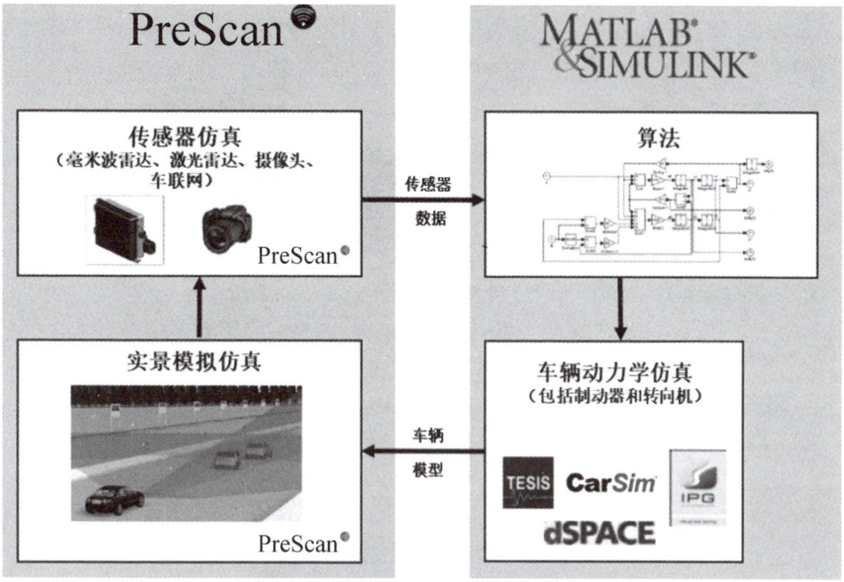

图 4-1-2 PreScan 仿真测试应用

雪和雾）和光源（如太阳光，大灯和路灯）来构建丰富的仿真场景。新版的 PreScan 也支持导入 OpenDrive 格式的高精地图，用来建立更加真实的场景。

2）添加传感器

PreScan 支持种类丰富的传感器，包括理想传感器、V2X 传感器、激光雷达、毫米波雷达、超声波雷达、单目和双目相机、鱼眼相机等，用户可以根据自己的需要进行添加。

3）添加控制系统

可以通过 MATLAB/SIMULINK 建立控制模型，也可以和第三方动力学仿真模型（如 CarSim，VI-Grade，dSPACEASM 的车辆动力学模型）进行闭环控制。

4）运行实验

3D 可视化查看器允许用户分析实验的结果，同时可以提供图片和动画生成功能。此外，使用 ControlDesk 和 LabView 的界面可以用来自动运行实验批次的场景以及运行硬件在环模拟。

2. CarSim

CarSim，还有相关的 TruckSim 和 BikeSim 是 Mechanical Simulation 公司开发的强大的动力学仿真软件，被世界各国的主机厂和供应商所广泛使用。CarSim 适用于四轮汽车、轻型卡车，TruckSim 适用于多轴和双轮胎的卡车，BikeSim 适用于两轮摩托车。CarSim 是一款整车动力学仿真软件，软件界面如图 4-1-3 所示，主要从整车角度进行动力学仿真，内建了相当数量的车辆数学模型，并且这些模型都有丰富的经验参数，用户可以快速使用，免去了繁杂的建模和调参过程。

CarSim 模型在计算机上运行的速度可以比实时的速度快 10 倍，可以用于仿真车辆对于驾驶员控制输入的响应，以及 3D 路面及空气动力学输入的响应，模拟结果高度逼近真实车辆，主要用来预测和仿真汽车整车的操纵稳定性、制动性、平顺性、动力性和经济性。CarSim 自带标准的 MATLAB/SIMULINK 接口，可以方便地与 MATLAB/SIMULINK 进行联合仿真，用于控

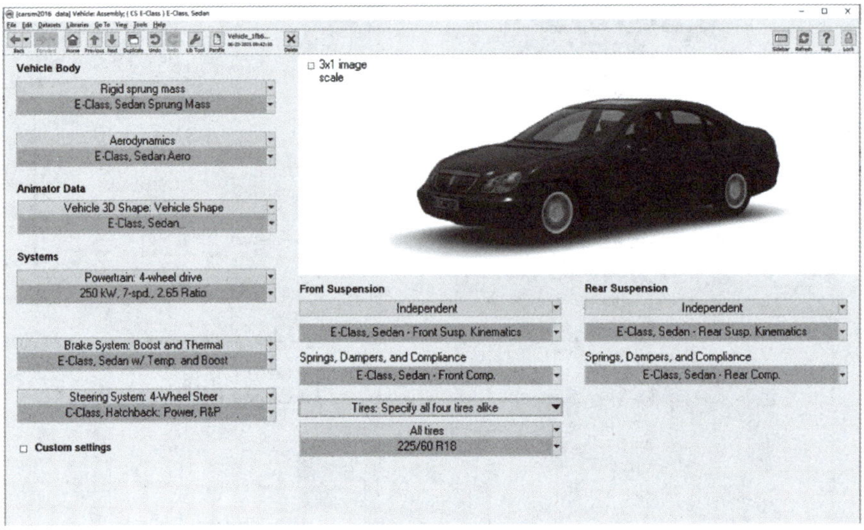

图 4-1-3　CarSim 软件界面

制算法的开发，同时在仿真时可以产生大量数据结果，用于后续使用 MATLAB 或者 Excel 进行分析或可视化。CarSim 同时提供了 RT 版本，可以支持主流的 HIL 测试系统，如 dSPACE 和 NI 的系统，方便联合进行 HIL 仿真。

CarSim 也有 ADAS 相关功能的支持，可以构建参数化的道路模型，对 200 个以上的运动的交通物体，使用脚本或者通过 SIMULINK 外部控制它们的运动，同时添加最多 99 个传感器，对运动和静止的物体进行检测。最近的 CarSim 版本在 ADAS 和自动驾驶开发方面进行了加强，添加了更多的 3D 资源，如交通标识牌、行人等，以及高精地图的导入流程。同时 CarSim 也提供了一个 Unreal 引擎插件，可以与 Unreal 引擎进行联合仿真。

3. CarMaker

CarMaker，还有相关的 TruckMaker 和 MotorcycleMaker 是德国 IPG 公司推出的动力学、ADAS 和自动驾驶仿真软件，软件界面如图 4-1-4 所示。CarMaker 首先是一个优秀的动力学仿真软件，提供了精准的车辆本体模型（发动机、底盘、悬架、传动、转向等），除此之外，CarMaker 还打造了包括车辆、驾驶员、道路、交通环境的闭环仿真系统。

（1）IPGRoad：可以模拟多车道、十字路口等多种形式的道路，并可通过配置 GUI 生成锥形、圆柱形等形式的路障，可对道路的几何形状以及路面状况（不平度、粗糙度）进行任意定义。

（2）IPGTraffic：交通环境模拟工具，提供丰富的交通对象（车辆、行人、路标、交通灯、道路施工建筑等）模型，可实现对真实交通环境的仿真。测试车辆可识别交通对象并由此进行动作触发（如限速标志可触发车辆进行相应的减速动作）。

（3）IPGDriver：先进的、可自学习的驾驶员模型。可控制在各种行驶工况下的车辆，实现诸如上坡起步、入库泊车以及甩尾反打转向盘等操作，并能适应车辆的动力特性（驱动形式、变速箱类型等）、道路摩擦系数、风速、交通环境状况，调整驾驶策略。

（4）CarMaker：平台软件，可以与很多第三方软件进行集成，如 ADAMS、AVLCruise、rFpro 等，可利用各软件的优势进行联合仿真。同时 CarMaker 配套的硬件提供了大量的板卡接口，可以方便地与 ECU 或者传感器进行 HIL 测试。

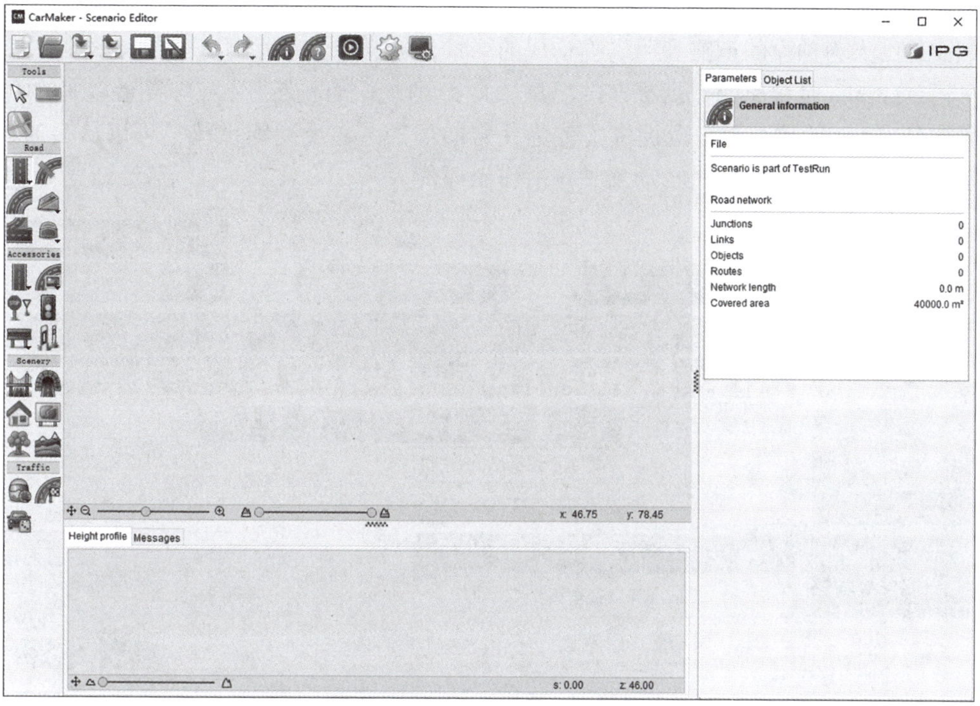

图 4-1-4 CarMaker 软件界面

4. Virtual Test Drive

VTD（Virtual Test Drive）是德国 VIRES 公司开发的一套用于 ADAS、主动安全和自动驾驶的完整模块化仿真工具链。VIRES 已经于 2017 年被 MSC 软件集团收购。VTD 目前运行于 Linux 平台，它的功能覆盖了道路环境建模、交通场景建模、天气和环境模拟、简单和物理真实的传感器仿真、场景仿真管理以及高精度的实时画面渲染等。VTD 可以支持从 SIL 到 HIL 和 VIL 的全周期开发流程，开放式的模块式框架可以方便地与第三方的工具和插件联合仿真。VTD 的功能和存储依托于开放格式 OpenDrive、OpenCRG 和 OpenScenario。VTD 的仿真流程主要由路网搭建、动态场景配置、仿真运行三个步骤组成。

（1）VTD 提供了图形化的交互式路网编辑器 Road Network Editor（ROD），在使用各种交通元素构建包含多类型车道复杂道路仿真环境的同时，可以同步生成 OpenDrive 高精地图。

（2）在动态场景的建立上，VTD 提供了图形化的交互式场景编辑器 Scenario Editor，提供了在 OpenDrive 基础上添加用户自定义行为控制的交通体，或者是某区域连续运行的交通流。

（3）无论是 SIL 还是 HIL，无论是实时还是非实时的仿真，无论是单机还是高性能计算的环境，VTD 都提供了相应的解决方案。VTD 运行时可模拟实时高质量的光影效果及路面反光、车身渲染、雨雪雾天气渲染、传感器成像渲染、大灯光视觉效果等。

5. 百度 Apollo 仿真平台

百度 Apollo 仿真平台作为百度 Apollo 平台的一个重要组成部分，一方面用来支撑内部 Apollo 系统的开发和迭代，另一方面为 Apollo 生态的开发者提供基于云端的决策系统仿真服务，如图 4-1-5 所示。Apollo 仿真平台是一个搭建在百度云和 Azure 的云服务，可以使用用户指定的 Apollo 版本在云端进行仿真测试。Apollo 仿真场景可分为 Worldsim 和 Logsim。Worldsim 是由人为预设的道路和障碍物构成的场景，可以作为单元测试简单高效地测试自动驾驶车辆；Logsim 是由路测数据提取的场景，真实反映了实际交通环境中复杂多变的障碍物和交通状况。Apollo 仿真平台也提供了较为完善的场景，通过判别系统，可以从交通规则、动力学行为和舒适度等方面对自动驾驶算法作出评价。

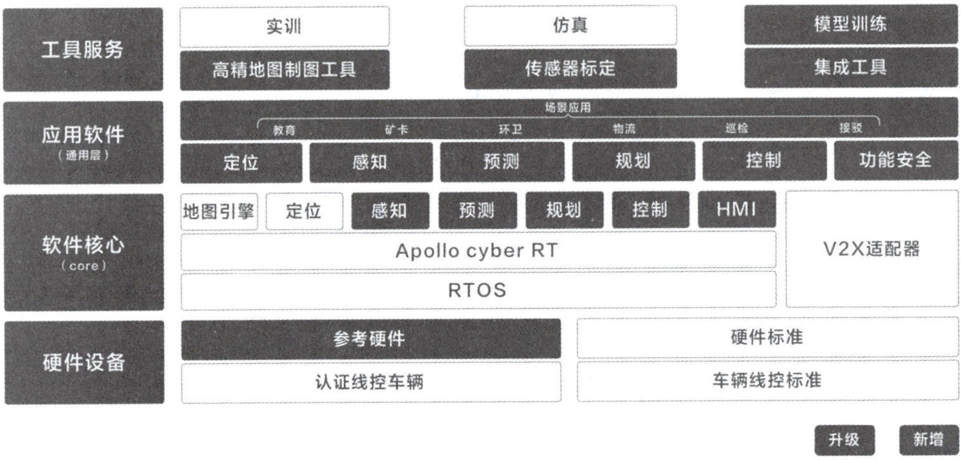

图 4-1-5　百度 Apollo 测试平台

Apollo 也与 Unity 建立了合作关系，开发了基于 Unity 的真实感虚拟环境仿真，可以提供 3D 的虚拟环境及道路和天气的变化。最近，百度也提出了一种新的数据驱动方法，用于自动驾驶的端到端的仿真——增强自主驾驶模拟（AADS）。此方法利用模拟的交通流来增强真实世界的图像，以创建类似于真实世界渲染的照片般逼真的模拟场景。具体来说，建议使用 LiDAR 和相机扫描街景，将输入数据分解为背景、场景照明和前景对象。同时，提出了一种新的视图合成技术，可以在静态背景上改变视点。前景车辆配有计算机 3D 模型，通过精确估计的室外照明，可以重新定位 3D 车辆模型及计算机生成的行人和其他可移动主体，并将其渲染回背景图像，以创建逼真的街景图像。此外，还可以模拟交通流量，合成物体的放置和移动，捕获真实世界的车辆轨迹，并可捕捉现实世界场景的复杂性和多样性。

6. 腾讯 TAD Sim

腾讯基于其强大的游戏引擎，开发了 TAD Sim 自动驾驶仿真测试软件，如图 4-1-6 所示。作为一家拥有丰富游戏开发经验和技术储备的科技公司，腾讯将游戏引擎与工业级车辆动力学模型、虚实一体交通流等技术相结合，打造了无限趋近真实世界场景的线上仿真环境。腾讯自动驾驶虚拟仿真平台 TAD Sim 在设计之初，就有别于传统的仿真系统，其是为自动驾驶测试验证而专门设计开发的，内置厘米级高精度地图，构建了包含动态和静态要素真值数字孪生系统，用千变万化的场景进行自动驾驶算法完备性的测试。

结合采集的交通流数据以及极端交通场景的模拟，TAD Sim 可进行各种激进驾驶、极端情况的自动驾驶测试。同时，TAD Sim 内置的高精度地图可以完成感知、决策、控制算法等实车上全部模块的闭环仿真验证。此外，这套软件还可以完成阴晴雨雪各种天气、光照的模拟，大大提高了自动驾驶的测试效率。

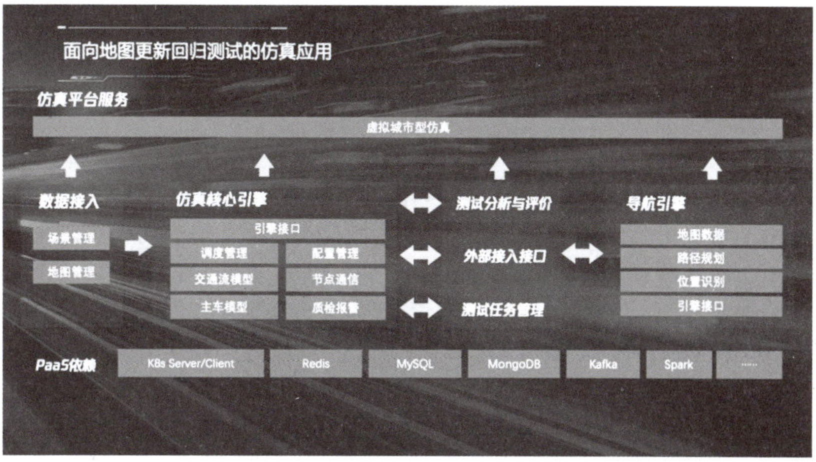

图 4-1-6 腾讯 TAD Sim 自动驾驶仿真系统应用场景

TAD Sim 2.0 不仅可以模拟汽车行驶过程中遇到的各种天气和道路突发情况，还能模拟突然窜出的行人、强行加塞甚至产生剐蹭的车辆，以及测试车辆快速驶过减速带造成的颠簸等。这些场景都可通过仿真平台反馈到测试车辆上，进而验证自动驾驶算法对突发情况的应对能力。

在 TAD Sim 2.0 的场景库中，有超过 1 000 种场景类型，还可以通过泛化，生成万倍以上规模的丰富场景。目前，基于腾讯云的计算能力并行加速，TAD Sim 2.0 具备了每日 1 000 万千米以上的测试能力，自动驾驶的车辆可大量部署，进行“7 天×24 小时”的不间断测试，通过 MMO 同步技术保证数据同步，满足高并发的测试需求。

7. PanoSim

PanoSim 是一款集复杂车辆动力学模型、汽车三维行驶环境模型、汽车行驶交通模型、车载环境传感模型（相机和雷达）、无线通信模型、GPS 和数字地图模型、Matlab/Simulink 仿真环境自动生成、图形与动画后处理工具等于一体的模拟仿真软件平台，如图 4-1-7 所示。它基于物理建模和精确与高效兼顾的数值仿真原则，逼真地模拟汽车驾驶的各种环境和

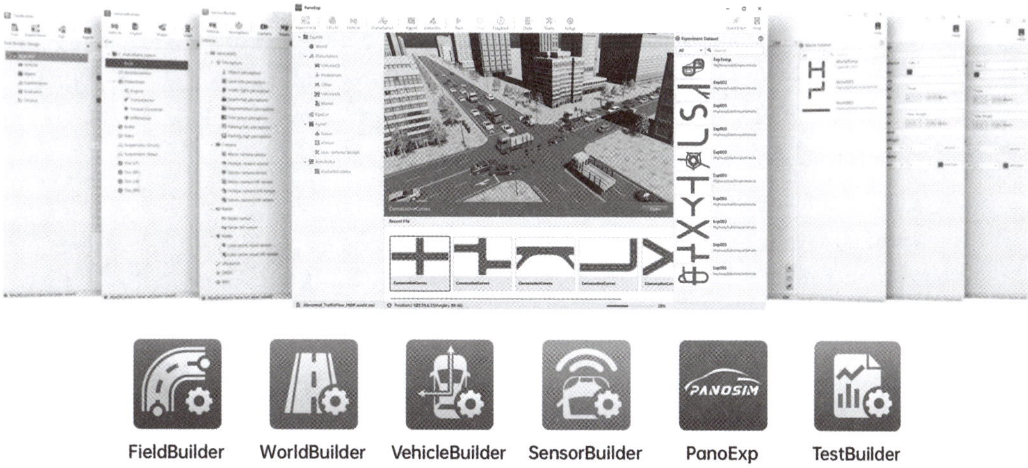

图 4-1-7 PanoSim 工具链

工况，基于几何模型与物理建模相结合的理念建立了高精度的像机、雷达和无线通信模型，以支持数字仿真环境下汽车动力学与性能、汽车电子控制系统、智能辅助驾驶与主动安全系统、环境传感与感知、自动驾驶等技术和产品的研发、测试和验证。

PanoSim 不仅包括复杂的车辆动力学模型、底盘（制动、转向和悬架）、轮胎、驾驶员、动力总成（发动机和变速箱）等模型，还支持各种典型驱动形式和悬架形式的大、中、小型轿车的建模以及仿真分析。它提供了三维数字虚拟试验场景建模与编辑功能，支持对道路及道路纹理、车道线、交通标识与设施、天气、夜景等汽车行驶环境的建模与编辑。

三、PreScan 软件的安装

打开安装包并找到软件安装程序，进入软件安装引导界面，并单击“Next”进入下一步，如图 4-1-8 所示；选择“I accept the agreement”同意安装协议，然后单击“Next”进入下一步，如图 4-1-9 所示。

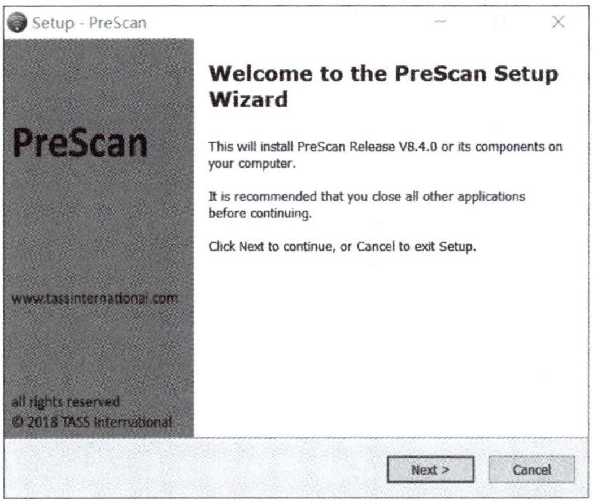

图 4-1-8　安装引导界面

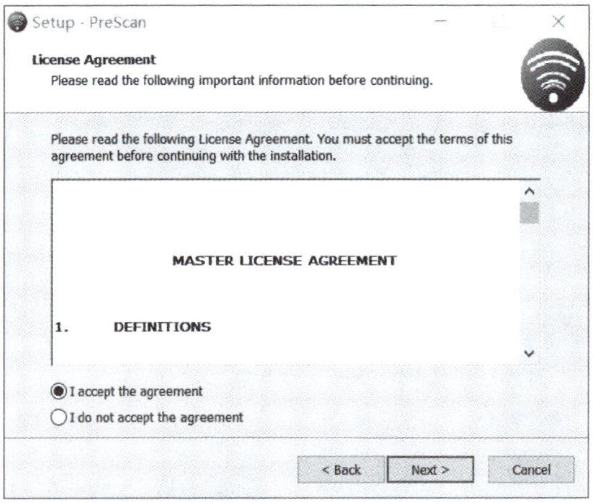

图 4-1-9　安装协议

选择安装地址，建议选择默认位置，单击“Next”进入下一步，如图 4-1-10 所示；之后选择安装组件，建议选择“Full Installation”，单击“Next”进入下一步，如图 4-1-11 所示。

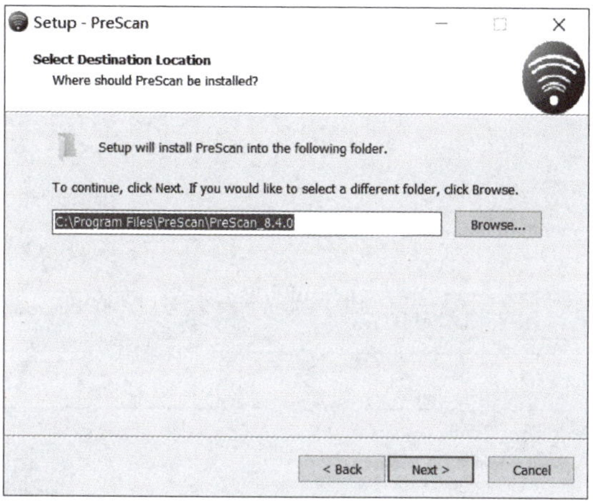

图 4-1-10　选择安装地址

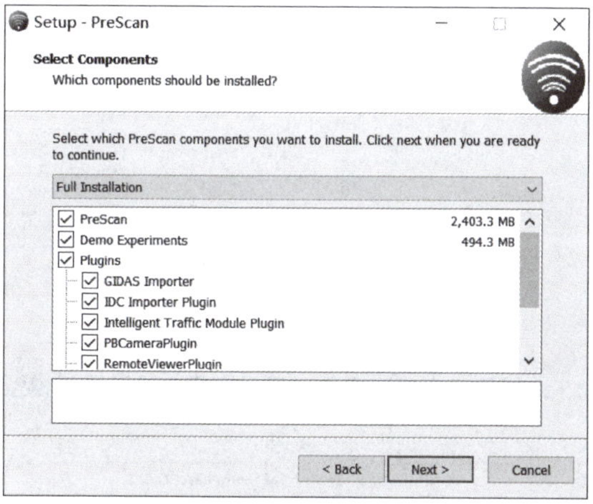

图 4-1-11　选择安装组件

选择用户定义库文件、通用车辆文件以及通用模型存放位置，建议选择默认设置，单击“Next”进入下一步，如图 4-1-12 所示。

PreScan 的仿真必须配合 MATLAB 软件进行使用，因此在安装 PreScan 前要先安装 MATLAB，推荐版本为 MATLAB 2016，安装时选择是否集成 MATLAB 以及 MATLAB 启动位置，单击“Next”进入下一步，如图 4-1-13 所示。

（1）选择场景存储文件夹位置，并确认是否提取场景，如图 4-1-14 所示。

（2）指定许可证服务器位置，此处不需要填写，单击“Next”进入下一步，如图 4-1-15所示。

（3）选择是否将 PreScan 添加到开始菜单以及是否添加桌面快捷方式，选择后单击“Next”进入下一步，如图 4-1-16 所示。

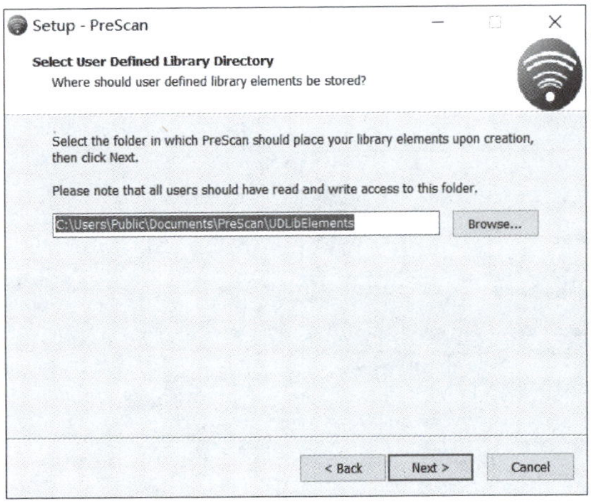

(a)

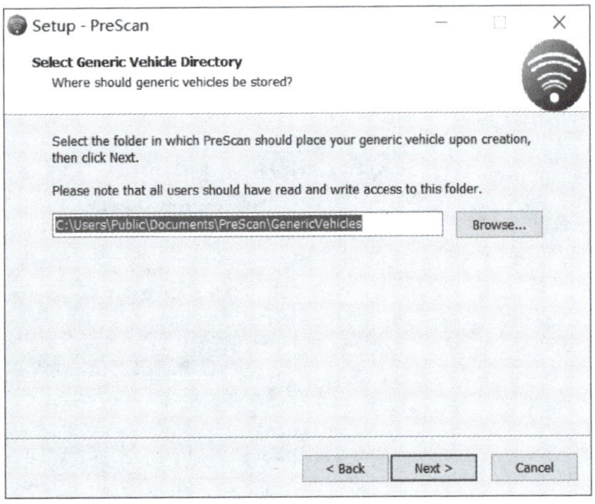

(b)

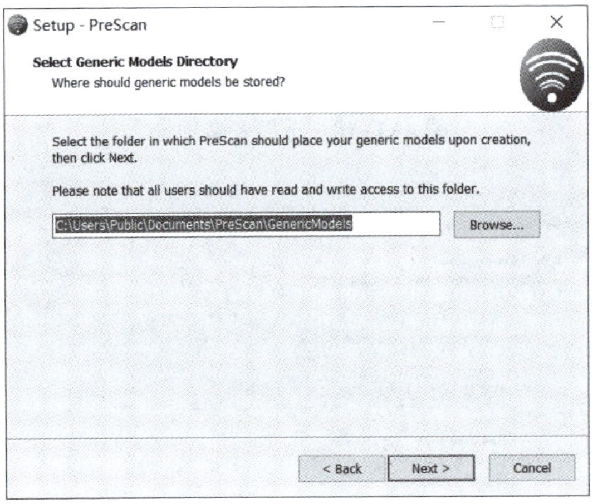

(c)

图 4-1-12　选择用户定义库文件、通用车辆文件及通用模型存放位置

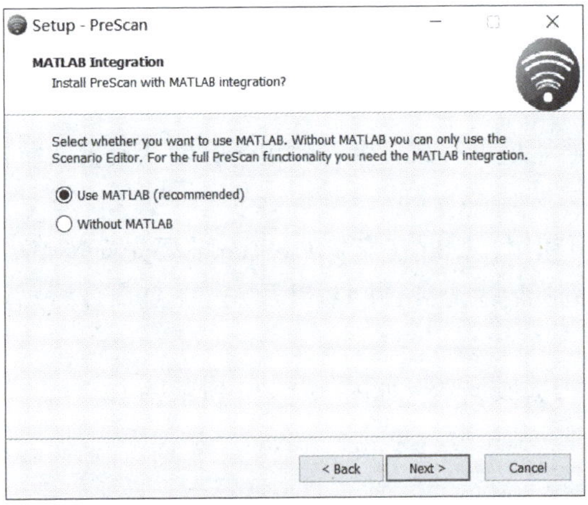

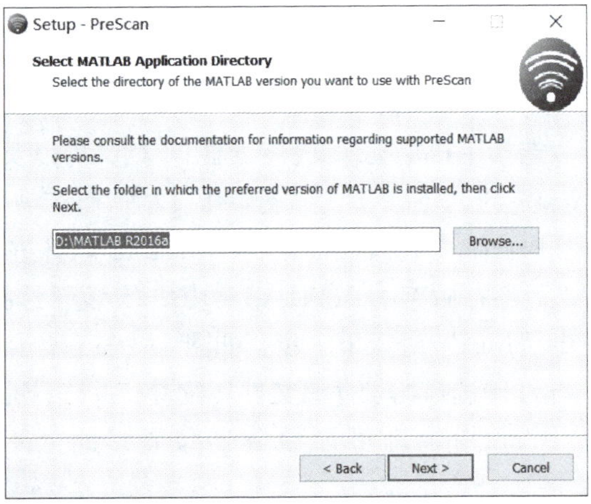

图 4-1-13　安装 MATLAB

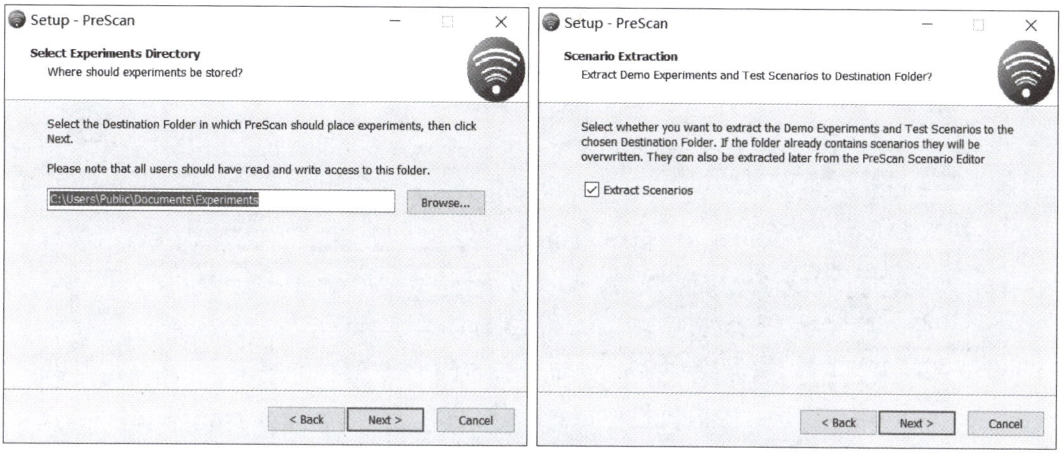

图 4-1-14　场景存储文件夹位置及是否提取场景的选择

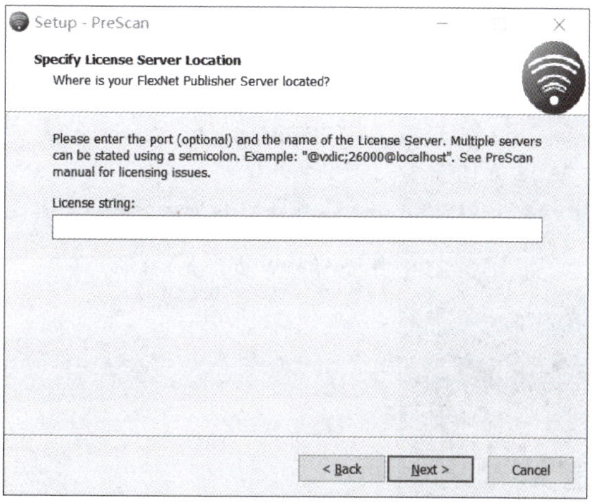

图 4-1-15　指定许可证服务器位置

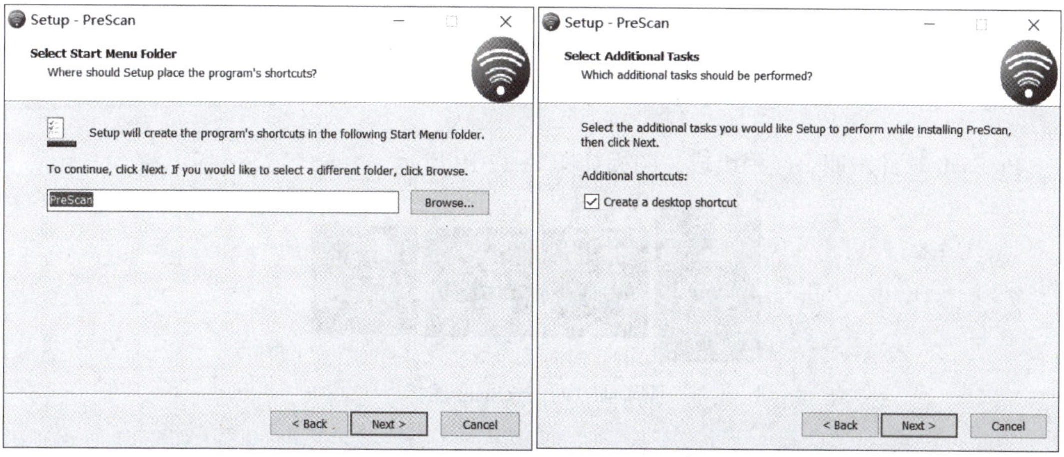

图 4-1-16　是否将 PreScan 添加到开始菜单及是否添加桌面快捷方式的选择

（4）单击“Install”开始安装，安装结束后单击“Next”进入下一步，如图 4-1-17 所示。

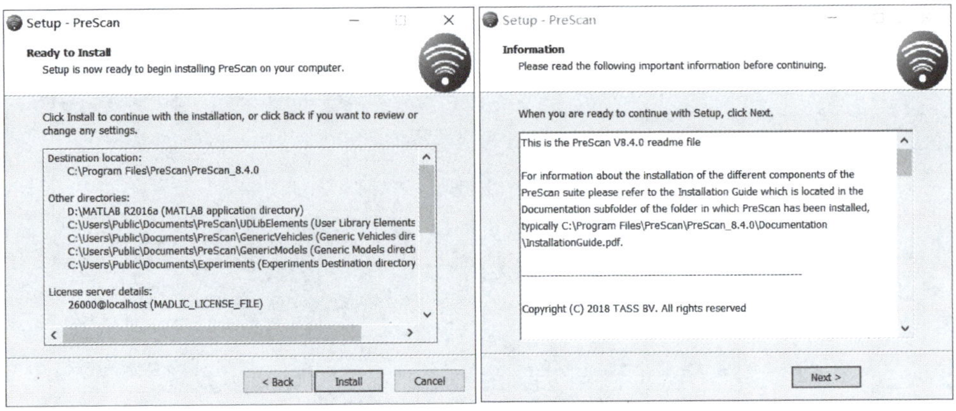

图 4-1-17　开始安装“Install”

（5）最后单击“Finish”完成全部安装过程，如图 4-1-18 所示。

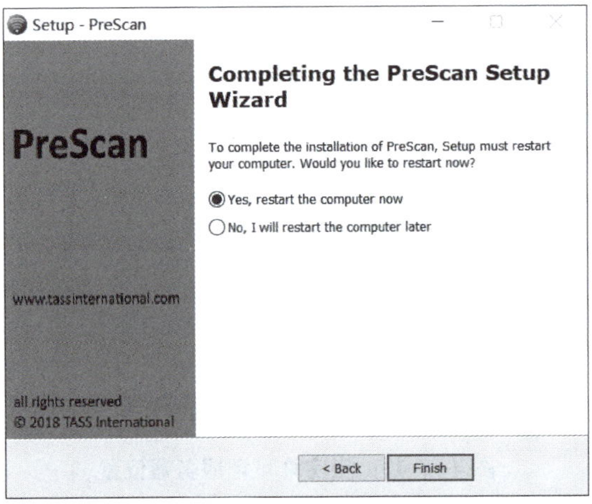

图 4-1-18　安装完成

四、PreScan 软件界面介绍

PreScan 软件由四个应用组成，图标如图 4-1-19 所示。

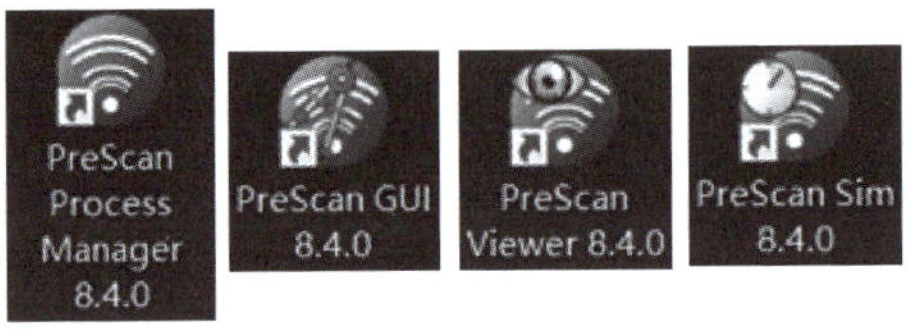

图 4-1-19　PreScan 图标

构成 PreScan 的四个应用分别是 PreScan Process Manager、Pre-processor（PreScan GUI）、PreScan Viewer、PreScan Sim。

PreScan Process Manager 的用途是对组成软件进行调度和状态显示，打开界面，如图 4-1-20所示，可以通过该软件对其他应用以及 MATLAB 进行停止和关闭操作，防止软件卡死。

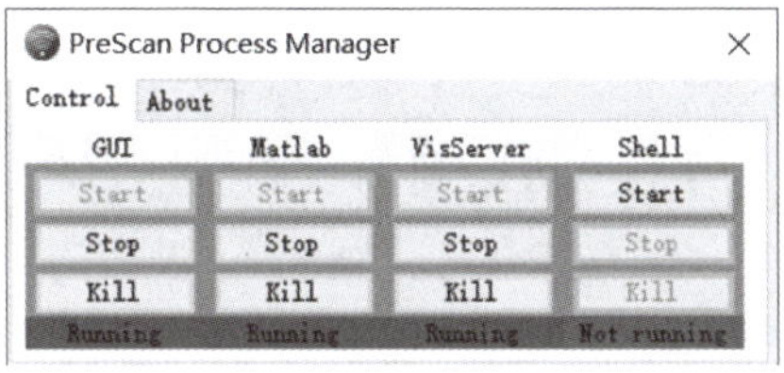

图 4-1-20　PreScan Process Manager 界面

Pre-processor（PreScan GUI）用于智能网联汽车的测试项目设计，界面中包括上方的工具菜单、左侧的元素库、右侧的测试结构树和属性编辑器以及中心位置的构建区域，如图 4-1-21 所示。

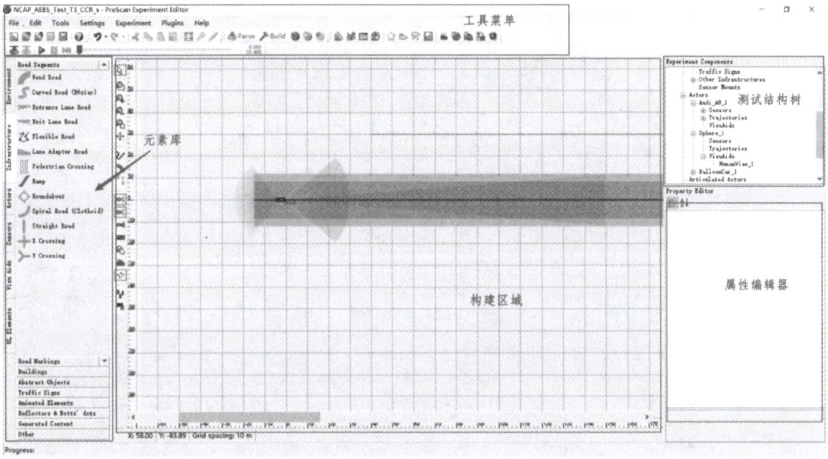

图 4-1-21　Pre-processor 界面

PreScan Viewer 的作用是将搭建的测试场景进行三维显示，同时可以调整不同的观看视角，如图 4-1-22 所示。

图 4-1-22　3D visualization viewer 界面

PreScan Sim 是 PreScan 的后台软件，启动后就在后台运行了，单击没有任何反应，但安装软件后自动在桌面上生成一个图标。

任务实操

通过互联网平台进一步了解本模块提到的智能网联汽车虚拟仿真测试软件，并完成 PreScan 软件的安装。

项目二　基于 PreScan 软件的虚拟仿真场景搭建

任务目标

1. 了解 PreScan 软件的基本使用；
2. 具备利用 PreScan 搭建智能网联汽车虚拟仿真测试场景的能力；
3. 能够使用 PreScan 进行基本的先进辅助驾驶系统测试。

任务导入

在系统开发阶段，需要建立算法模型并进行仿真测试，根据仿真测试结果，不断优化系统设计。这个阶段的仿真通常被定义为模型在环测试（MIL）。如何通过虚拟仿真软件建立符合测试场景的虚拟仿真测试场景。

知识储备

一、创建一个 PreScan 的测试项目

（1）创建测试项目。

打开 PreScan GUI 应用，进入应用后依次单击“File” – “New Experiment”，进行测试项目的新建，同时设置测试项目名称、测试项目保存位置以及测试项目描述等，如图 4-2-1 所示。

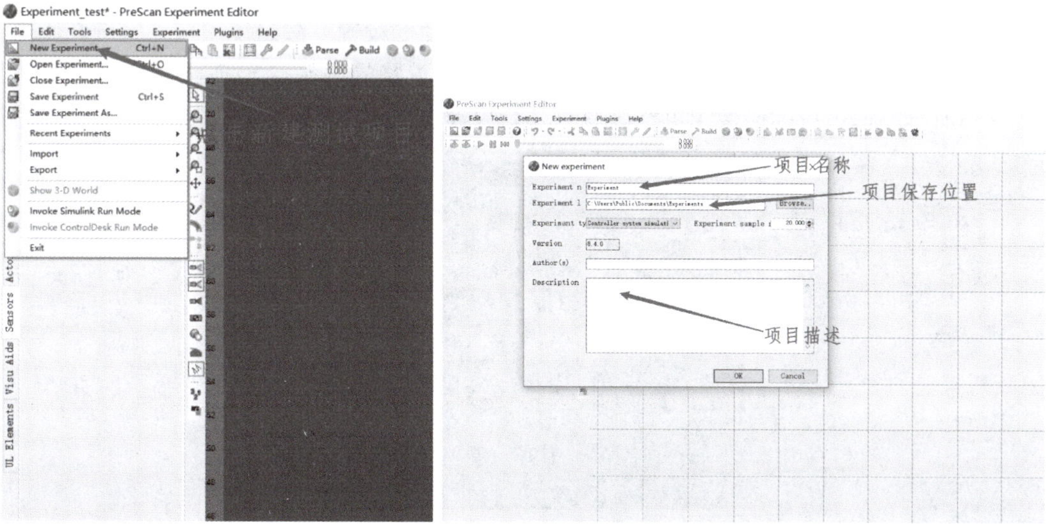

图 4-2-1　创建测试项目

（2）加入环境元素。

环境元素，即除了道路以外的地面材质，包括 Underlays（地面铺装）、Nature Element（自然环境）、Dirt Spots（污垢）三种类型，其中 Underlays 包含 Grass 草地、Pavement 人行道地面、Chessplane 棋盘格、Concrete 混凝土地面；Nature Element 中主要是树木，每种树木根据大小还分为 10 年份和 20 年份。

（3）添加基础设施。

从左侧元素库 Infrastructure（基础设施）板块的 Road Segments 子板块中通过拖拽搭建需要的基础设施环境，例如各种类型的道路段落、道路标志、建筑物、抽象目标、交通标志牌、动态显示的交通指示牌、临时交通设施以及围栏等，通过此功能能够构建复杂的交通道路，如图 4-2-2 所示。

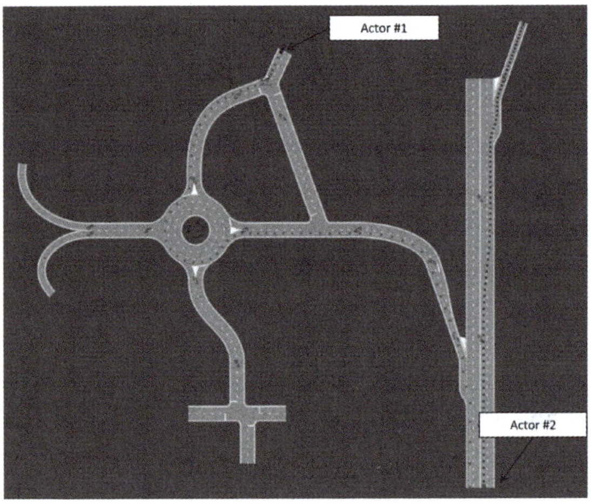

图 4-2-2　构建复杂道路

（4）设置规划路径。

在 PreScan 中，所有的车辆都可以按照规划的线路自动行进，如果被测试车辆有控制模型进行控制，则可优先被控制模型进行控制。规划路径的设置方法是使用构建区域左侧工具栏中的“Inherited Path Definition”按钮，单击按钮后道路的两头会出现浅色空心原点，如图 4-2-3所示，通过鼠标连接浅色空心原点，结束连接使用“Esc”键。

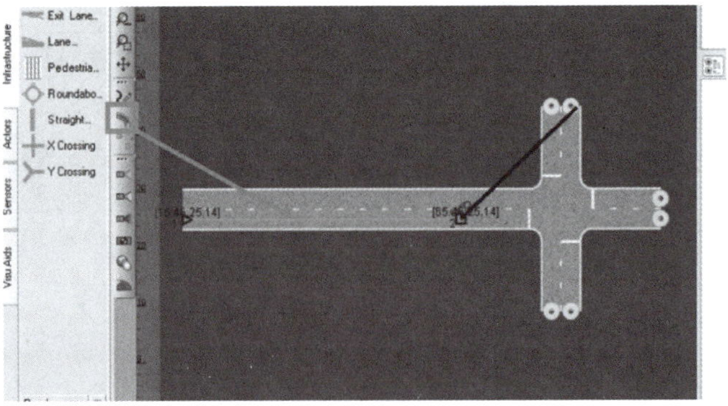

图 4-2-3　规划路径的设置

（5）添加交通参与者。

添加测试车辆以及交通参与者，同时 PreScan 针对 NCAP 测试提供了仿真气球车模型、全尺寸模型车模型以及仿真气球车的拖拽模型。在添加测试车辆时可以直接将测试车辆拖拽至规划路径上，这样测试车辆就可以按照规划路径进行行驶。

（6）为测试车辆添加传感器

作为智能网联汽车，智能传感器是必要的，PreScan 提供了丰富的传感器类型，首先所有测试车辆初始模型中就拥有自带的 GPS 传感器输出最准确的 GPS 位置信息且不能被删除。在元素库 Sensor 板块中包含了所有能够提供的智能传感器，在 Idealized Sensor 子版块中提供了 AIR Sensor、IR Beacon、IR OBU、RF Beacon 以及 RF OBU，AIR 是 Actor Information Receiver 的缩写，即执行器的信息接收器，其功能是输出目标级数据结果，能够在设有环境感知算法的情况下获得所有目标的主要检测信息，如目标物的相对距离、目标物的方位角、目标物的检测 ID 等。AIR Sensor 传感器设置界面如图 4-2-4所示。

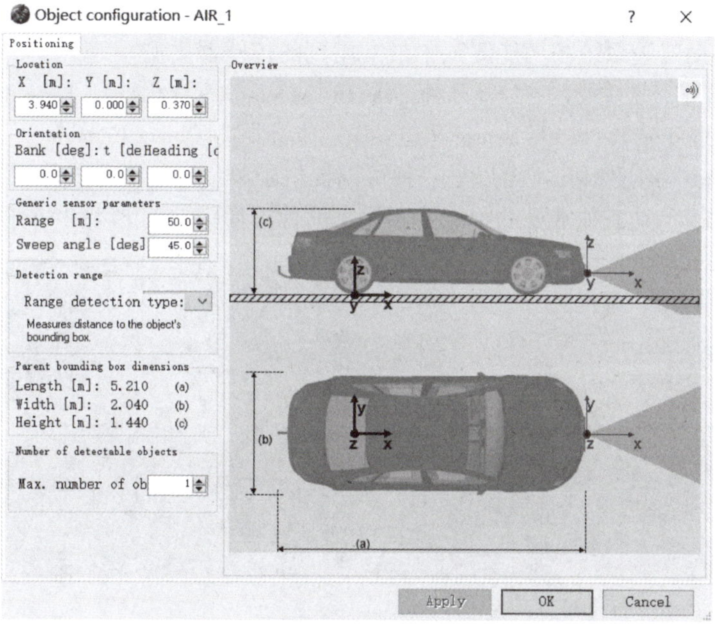

图 4-2-4 AIR Sensor 传感器设置界面

PreScan 中 V2X 的通信方式之一是使用 DSRC 通信，通信主要的媒介是 Beacon 和 OBU，Beacon 是信号塔，OBU 即 On Board Unit（车载单元），两者搭配可进行短距离通信，目前支持的通信协议为 SAE J2735 BSM。其通信的两种主要方式是 RF（Radio-Frequency：无线电频率）和 IR（Infra-Red：红外线），两种方式也有对应的优缺点：RF 传输速率更快且不用考虑遮挡，而 IR 传输速率慢且会被障碍物遮挡。

在 PreScan 中应用最多的传感器类型是 Detailed Sensors（真实传感器），包括 TIS sensor、Radar（毫米波雷达）、Lidar（激光雷达）、Ultrasonic（超声波传感器）、Camera（图像传感器）、Fisheye Camera（鱼眼相机传感器）。

相机传感器和鱼眼相机传感器的输出渲染图如图 4-2-5 所示。

（a）　　　　（b）

图 4-2-5　相机传感器和鱼眼相机传感器输出渲染图

（a）相机传感器输出渲染图；（b）鱼眼相机传感器输出渲染图

TIS（Technology Independent Sensor）是通用的扫射传感器模型，可以通过改变参数模拟雷达、激光雷达和超声波雷达，其与 AIR Sensor 的区别是考虑重叠、遮挡以及目标的实际形状，能够提供与目标的距离、与目标的相对速度、与目标的角度、能量损耗以及目标 ID 等信息，是先进辅助驾驶系统在功能测试中最常用到的传感器类型。

Ground Truth 子版块主要包含以下几种：Depth Camera（深度相机）、Lane Makrer Sensor（车道线传感器）、Bounding Rectangle Sensor（边界识别传感器）、Object Camera（目标传感器）。

Depth Camera（深度相机）可以是一种可以提供距离信息的图像成像系统，利用双目摄像头提供真实数据，是一种常见的智能网联汽车前视摄像头，如图 4-2-6 所示。

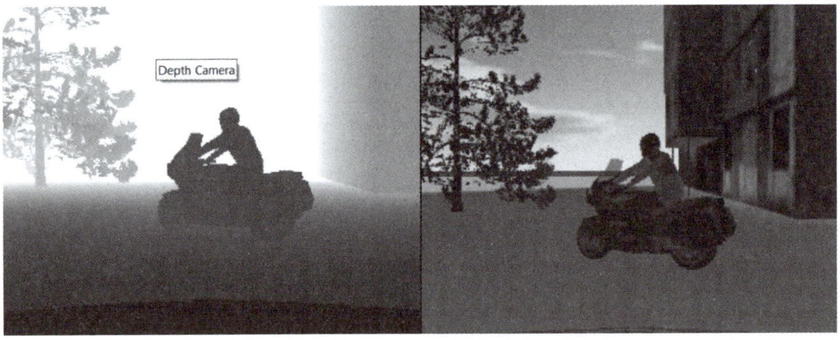

（a）　　　　（b）

图 4-2-6　深度相机输出图像

（a）深度图像；（b）正常图像

Lane Marker Sensor（车道线传感器）可以不用通过对图像传感器输出进行车道线识别就可以获得最精准的车道线提取结果，输出数据为图像信息，如图 4-2-7 所示。其可用于对环境感知系统车道线识别功能准确性进行测试，也可用于快速生成车道偏离预警功能/车道保持功能的控制算法输入。而 Analytical Lane Marker Sensor 可直接生成车道线信息，通过曲线拟合计算出传感器视角内每一条车道线的多项式表达，输出多项式系数，多项式分别在 X、Y、Z 三个方向拟合车道线曲线，并同时支持输出车道线 ID。

（7）设置天气与光照情况。

在界面上方的工具栏单击“Experiment”选项后弹出的菜单栏如图 4-2-8 所示，其中“Lighting Settings”为光照设定、“Weather Settings”为天气设定。

图 4-2-7　Lane Marker Sensor 输出结果

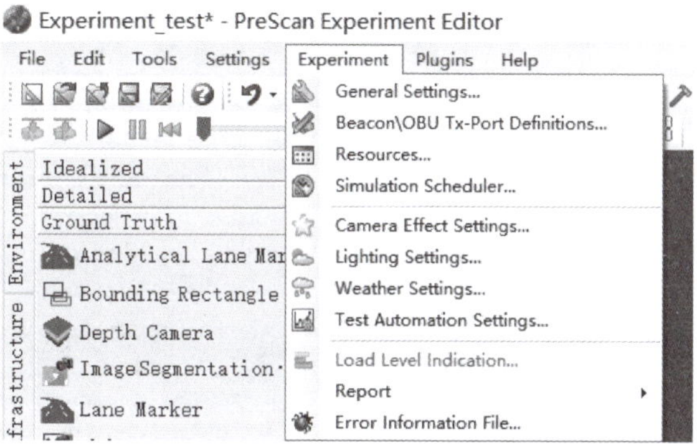

图 4-2-8　Experiment 选项

在“Lighting Settings”中可以设置太阳的位置和方向以及光照强度，例如设置车辆前视摄像头逆光效果从而对系统逆光情况下的性能进行测试。在“Weather Settings”中可以设置雾天、雨天和雪天，并且可以设置特殊天气强度。天气设置效果对比如图 4-2-9 所示。

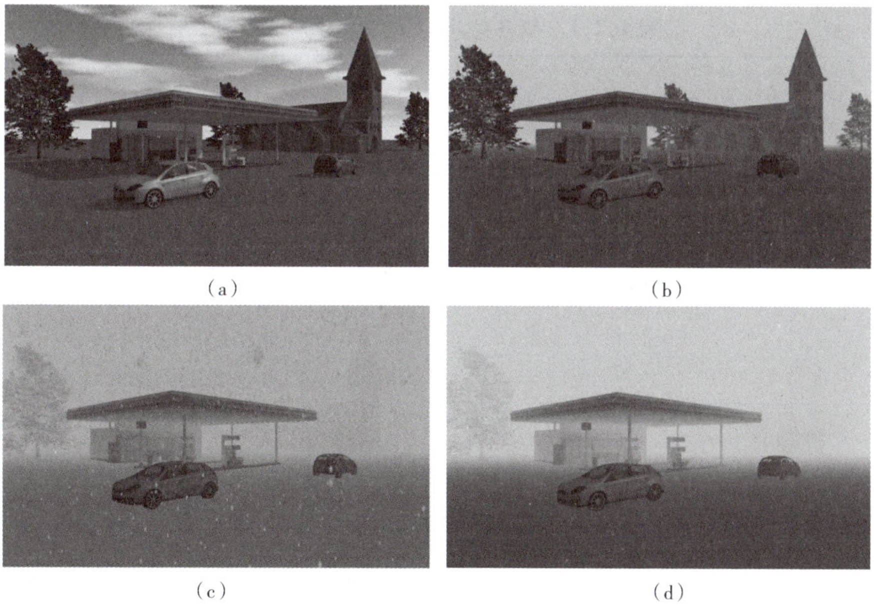

（a）　（b）　（c）　（d）

图 4-2-9　天气设置效果对比

（a）正常天气；（b）大雨天气；（c）大雪天气；（d）大雾天气（能见度 100 m）

（7） Parse 和 Build。

Parse 就是对当前场景的检查和编译，如果出现错误路段、错误的设置等，PreScan 不会编译成功，会提醒报错（如果只显示 Warnings，也需要认真阅读原因，可以不做改动）。Build 就是 PreScan 自动生成该场景与 MATLAB 相耦合所需要的文件，比如专门用来存储场景数据的 pb 文件，Build 成功之后就可以进入 3D 显示界面观看场景立体效果。Parse 和 Build 的具体操作步骤如图 4-2-10 所示。

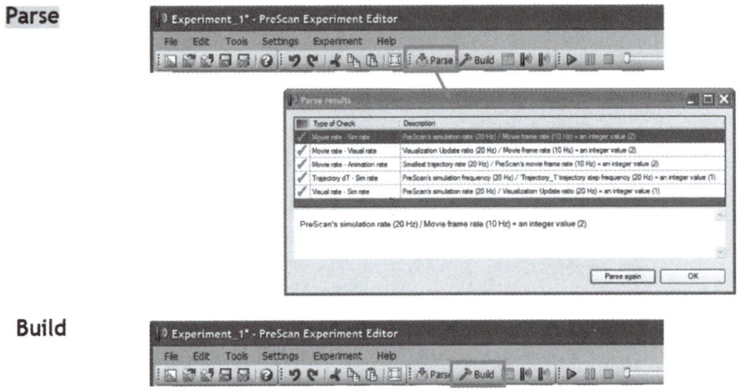

图 4-2-10　Parse 和 Build 具体操作步骤

任务实操

在 PreScan 中根据 C-NCAP 管理规程建立 AEB CCRs 测试场景，包括测试车辆、仿真气球车、道路、路边树木和建筑，等等。AEB CCRs 测试场景的建立步骤见表 4-2-1。

表 4-2-1　AEB CCRs 测试场景的建立步骤

操作步骤	样例图	操作要点
创建项目	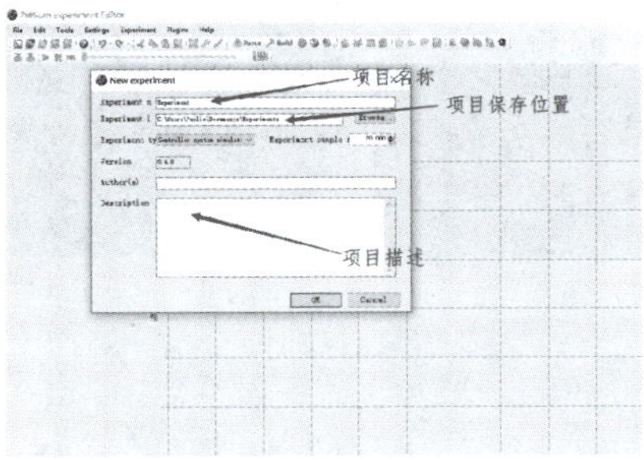	创建项目名称为 Test_加学号的格式
设置地面铺装为草坪	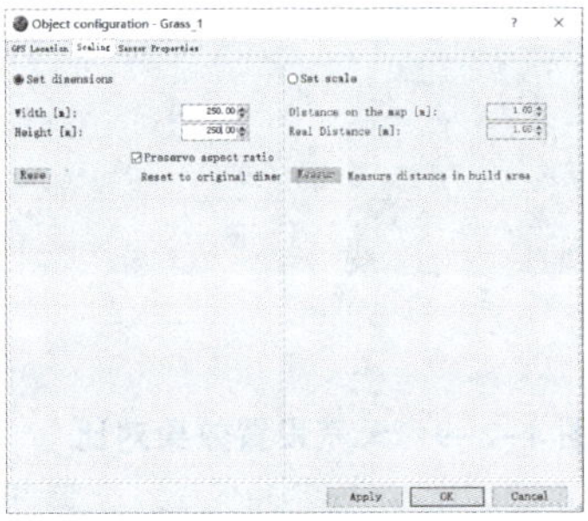	设置地面长、宽都是 250 m

续表

操作步骤	样例图	操作要点
新建一条直道	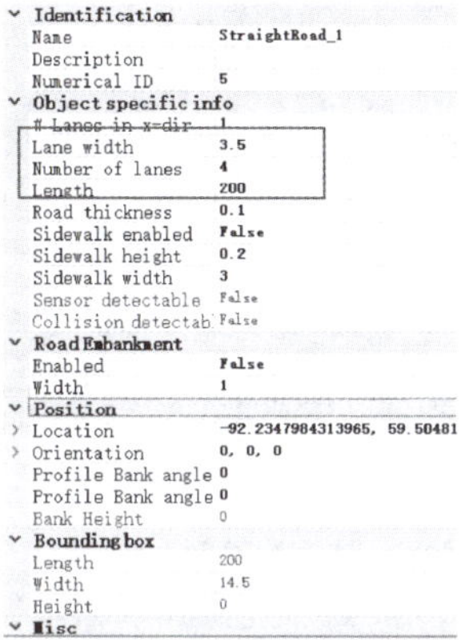	设置道路长度为200 m、4 车道宽，每条车道宽为 3.5 m
在第三车道绘制沿 *X* 轴正方向的规划路径	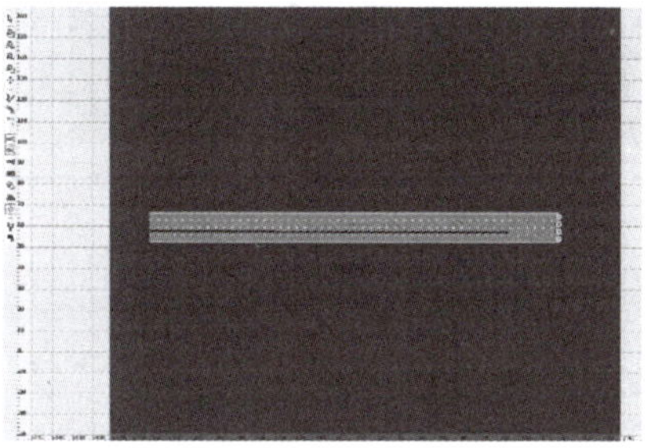	
添加测试车辆以及仿真气球车	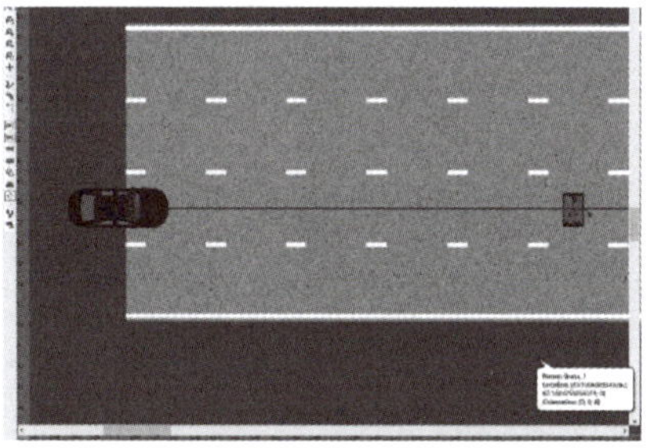	测试车辆选择 “Audi A8 Sedan”，仿真测试车选择 “BalloonCar”
添加智能传感器	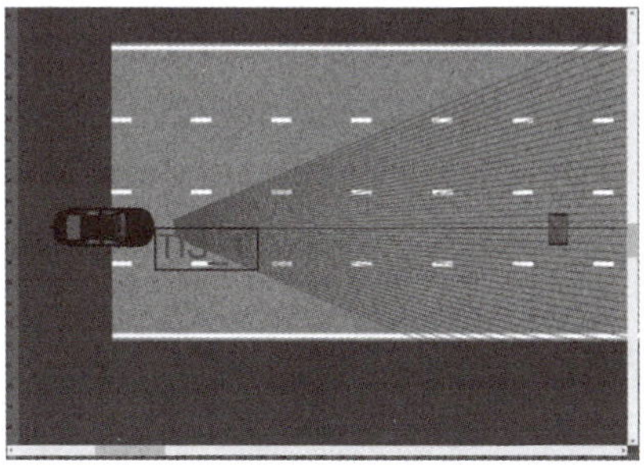	添加类型为 TIS 传感器

续表

操作步骤	样例图	操作要点
添加周围环境	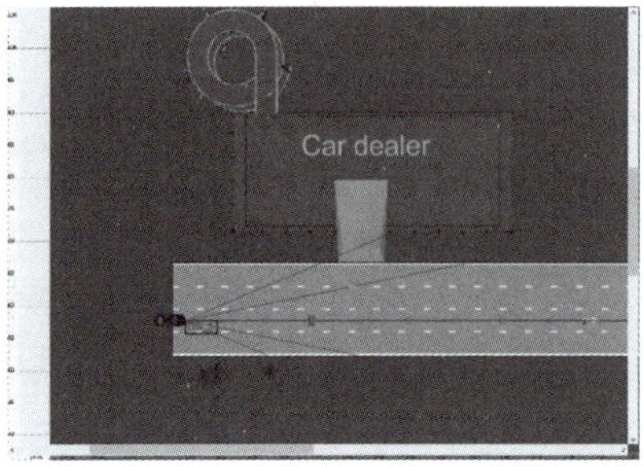	在道路两侧添加树木以及建筑物
Parse 和 Build	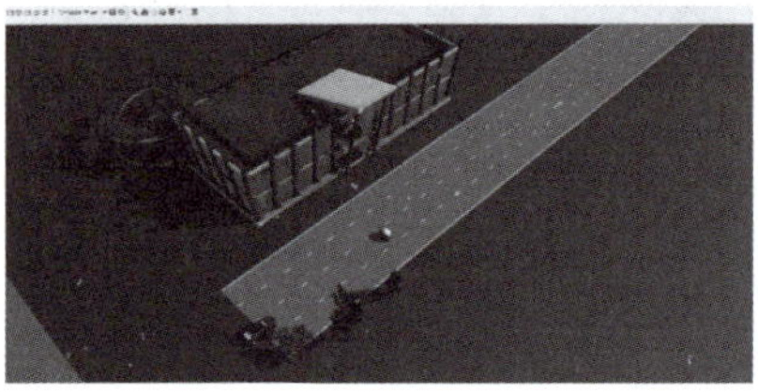	没有报错后通过 3D Viewer 查看场景

模块五

智能网联汽车
智能传感器测试与装调

项目一　智能网联汽车智能传感器的认知

任务目标

1. 了解智能网联汽车智能传感器的概念与特点；
2. 了解智能网联汽车智能传感器的应用；
3. 掌握智能网联汽车智能传感器的组成与功能；
4. 具备常见智能传感器的感知数据结构；
5. 能够培养坚韧的职业信心和爱岗敬业的工匠精神。

任务导入

技术人员在进行智能网联车的测试工作前需要对智能传感器进行检查。作为一名测试技术员，你需要对车载智能传感器进行检查。

知识储备

一、智能传感器

智能传感器是智能网联汽车的关键零部件，它们就好比人类的眼睛和耳朵，为智能网联汽车提供环境信息，智能网联汽车利用感知的环境信息做出智能决策和智能控制，实现智能驾驶辅助，其性能决定了智能网联汽车技术的发展水平和安全性能。

智能传感器（Intelligent Sensor）的主要功能是对环境进行感知和处理，随着智能网联汽车行业的长期发展，其技术在不断进化，主要的智能传感器包括毫米波雷达、激光雷达、视觉传感器、超声波雷达等。智能传感器相比传统汽车传感器具有可采集外界环境并进行智能化处理的能力，然后通过集成的微处理器实现模式切换、信息交换、信息发送和高级信息处理等功能。

1. 毫米波雷达的工作原理

毫米波雷达（Millimeter-Wave Radar）是工作在毫米波频段的雷达，毫米波是波长为1~10 mm且对应频率为30~300 GHz的电磁波，毫米波波长较短，介于厘米波和光波之间，具有微波制导和光电制导的优点。毫米波雷达通过发射与接收毫米波来探测目标，内置的微处理芯片利用回波信号计算出目标的距离、速度以及方向等信息。

目前车载毫米波雷达频段主要集中在24 GHz、60 GHz、77 GHz、79 GHz四个频段，其中24 GHz的波长为1.25 cm（虽然波长已经略大于1 cm，但仍然将其分类至毫米波雷达），而60 GHz只在日本有部分应用，不进行论述。77 GHz和79 GHz两个频段是目前毫米波雷达的发展方向，世界无线电通信大会已将77.5~78.0 GHz频段划分给无线电定位业务，以促进短距、高分辨率车用雷达的发展；2023年6月27日工信部公布了新修订的《中华人民共和国无线电频率划分规定》，其中明确“79~81 GHz 频段无线电定位业务优先用于汽车雷达等应用”，为汽车智能化技术应用和产业发展预留频谱资源，支持汽车行业长远发展，将有利于未来中国汽车雷达传感器产业的发展。

图 5-1-1 所示为大陆公司出品的 ARS-408 毫米波雷达。

毫米波雷达
CAN 数据读取

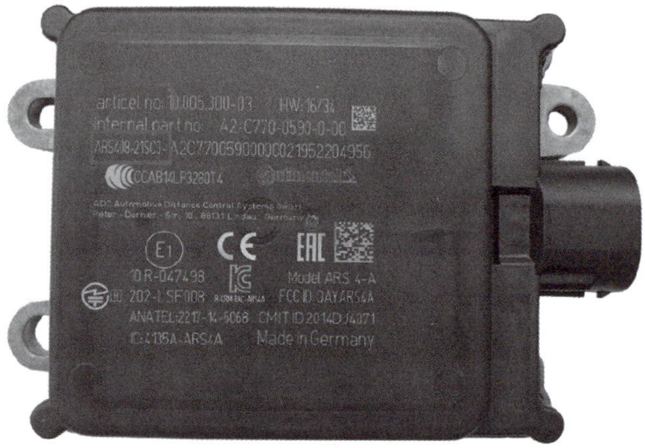

图 5-1-1　大陆公司出品的 ARS-408 毫米波雷达

毫米波雷达识别目标输出相对距离、相对速度和相对角度的计算方法。

1）相对距离的测算

毫米波雷达通过发射天线发出毫米波段的有指向性的电磁波，当电磁波遇到障碍目标后反射回来，通过雷达接收天线接收反射回来的电磁波，计算时间差 t（飞行时间 TOF）。由于已知电磁波传播速度为光速 c，通过公式可以计算出雷达与目标的相对距离 $R=tc/2$。静态目标和动态目标的距离测试如图 5-1-2 所示。

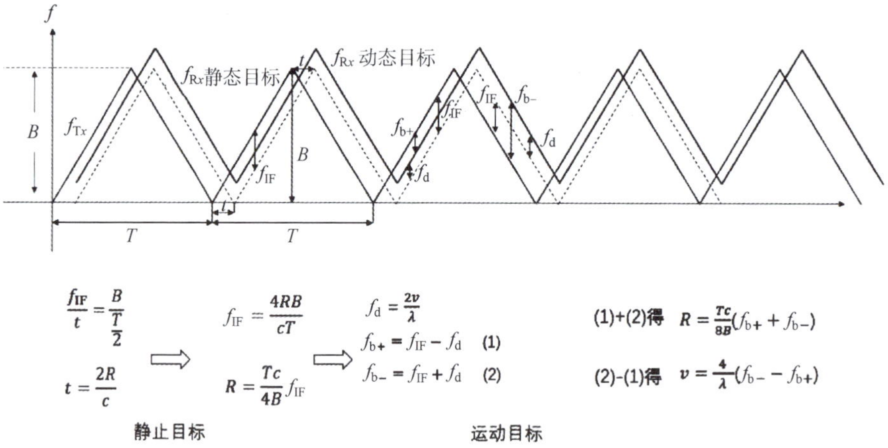

图 5-1-2　静态目标和动态目标的距离测试

2）相对速度

相对速度的测量采用多普勒效应，即毫米波雷达发射的电磁波在接触到障碍物时会被反射，回波信号的频率跟毫米波雷达与所接触物体的相对运动状态有关。若毫米波雷达和目标物体是相对静止的，那么回波信号的频率与发射信号的频率相同；若毫米波雷达和目标物体相对运动，则相对距离变小时回波信号频率增加，相对距离变大时回波信号降低。回波信号与发射信号的相对频率变化值即多普勒频率，计算公式如下：

$$f_d = f' - f = \left(\frac{v \pm v_0}{v \mp v_s} - 1\right) \times f = \left[\frac{\pm(v_0 + v_s)}{v \mp v_s}\right] \times f$$

式中 f'——回波信号的频率；

f——发射信号的频率；

v——电磁波在空气中的速度；

v_0——目标物的运动速度；

v_s——毫米波雷达（即自车）的运动速度。

已知发射信号频率、回波信号频率、自车速度以及毫米波在空气中的速度，代入公式中即可计算出目标车的运动速度。

3）水平方位角

毫米波雷达通过发射天线射出毫米波信号，当信号被目标反射回来后，通过与毫米波雷达并列的接收天线收到同一目标反射信号的相位差（可以理解为早晚），即可计算出来目标物的方位角，毫米波雷达测量目标方位角原理如图 5-1-3 所示。简单来说，这个原理类似于我们人类利用双耳辨别声音来源。

毫米波雷达线束的连接与安装

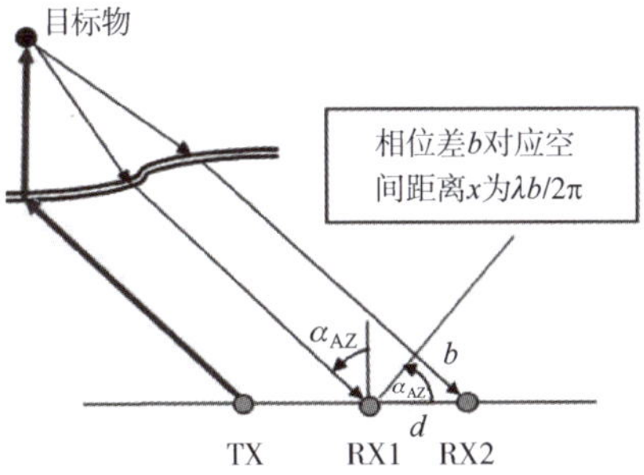

图 5-1-3 毫米波雷达测量目标方位角原理

具体的求解过程如下：毫米波雷达的发射天线 TX 发射出毫米波并打向目标后，经过目标的反射，两个接收天线 RX1 和 RX2 接收到反射信号，已知 RX1 和 RX2 天线的物理几何距离为 d，两根接收天线所收到的反射回波的相位差为 b，然后通过三角函数计算得到方位角，求解过程为

$$d\sin\alpha_{AZ} = \frac{\lambda b}{2\pi}$$

则

$$\alpha_{AZ} = \arcsin\left(\frac{\lambda b}{2\pi d}\right)$$

2. 毫米波雷达的结构和特点

毫米波雷达系统包括天线、发送和接收射频（MMIC）组件，以及压控振荡器等模拟组件，还有模数转换器（ADC）、微控制器（MCU）和数字信号处理器（DSP）等数字组件，

如图 5-1-4 所示。

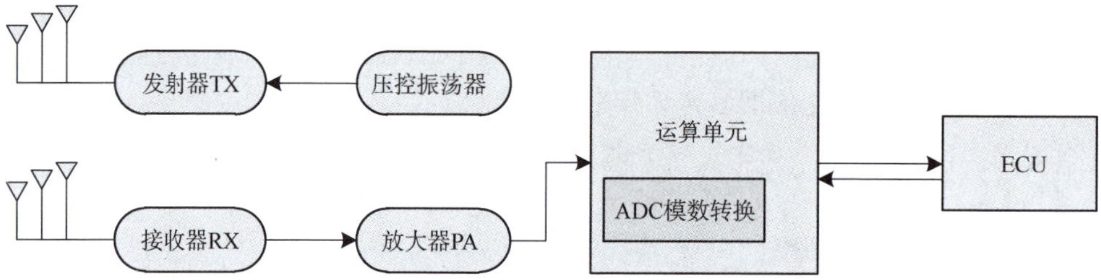

图 5-1-4 毫米波雷达工作原理

毫米波雷达具有以下优点：

（1）高分辨率：车载毫米波雷达的工作频段通常在 30~300 GHz，波长较短，因此具有较高的分辨率。它可以准确地检测到周围物体的位置、速度和形状，为驾驶员提供更清晰的环境认知。

（2）抗干扰性强：相比于其他频段的雷达系统，车载毫米波雷达在复杂的环境中具有更好的抗干扰能力。它能够准确地识别目标，并将其与背景干扰进行有效区分，从而降低误报率。

（3）多模态感知：车载毫米波雷达可以与其他传感器（如摄像头、激光雷达等）进行集成，形成多模态感知系统。通过融合多种传感器的数据，可以提供更全面、准确的环境感知和目标检测能力。

（4）适应复杂天气条件：毫米波雷达的工作频段对于雨、雪、雾等大气干扰具有较强的穿透能力。相比于光学传感器，在恶劣天气条件下，车载毫米波雷达能够提供更可靠的感知性能。

同时毫米波雷达相比其他传感器也有以下劣势：

（1）成本较高：由于车载毫米波雷达需要使用较高频段的电子元件和复杂的信号处理算法，故其制造和安装成本较高，目前高性能的毫米波雷达价格在每套几千元人民币。

（2）目标识别与分类难度较大：虽然车载毫米波雷达可以提供精确的目标位置信息，但对于目标的具体分类和识别仍存在一定挑战。与视觉传感器相比，毫米波雷达无法提供丰富的目标特征信息，但随着 4D 成像毫米波雷达的发展，这一问题将会被改进。

（3）部分使用场景性能不佳：毫米波雷达对行人目标的反射波较弱，导致在车辆对行人的场景中难以准确识别行人；毫米波雷达对金属表面非常敏感，一个弯曲的小块金属表面就可能被误认为是一个很大面积的表面，导致在隧道里识别效果不佳。

（4）视野受限：车载毫米波雷达通常采用窄波束技术，其视野相对较窄。这意味着它无法覆盖整个车辆周围的环境，可能会导致一些盲区存在。为了提高感知范围和精度，需要在车辆上安装多个雷达传感器。

（5）信号处理复杂：车载毫米波雷达的信号处理算法较为复杂，需要实时处理大量的数据。这对于硬件和软件系统的要求较高，需要由更强大的计算能力和高效的算法实现。

3. 毫米波雷达的分类

1）按照调制方式分类

毫米波雷达的调制模式有三种，分别是调频连续波（Frequency Modulated Continuous

Wave，FMCW）、频移键控（Frequency Shift Keying，FSK）以及相移键控（Phase Shift Keying，PSK）。

目前主流的调制信号方案为调频连续波 FMCW，其原理是在发射端 TX 发射一个频率随时间变化的线型调频信号，经目标反射后该信号被接收机 RX 捕获，通过反射信号和接收信号之间的混频生成一个中频 IF 信号并得出两个信号的频率差。FMCW 调制连续波方式相比其他类型，能够实现多个目标的同时测量并连续跟踪，系统灵敏度高，错误识别率低，不易受外界电磁噪声的干扰，测量距离更远且分辨率高，所需发射功率低，成本较低，信号处理难易程度及实时性容易达到汽车 ADAS 功能使用要求等。

2）按照频段分类

目前国内应用的车载毫米波雷达有 24 GHz、77 GHz 以及 79 GHz 三种频段类型，其中 24 GHz 主要用于短距离探测，77 GHz 毫米波雷达主要用于远距离探测，79 GHz 因为其覆盖频段较大，因此可用于多种场景，具体如表 5-1-1 所示。

表 5-1-1　各频段毫米波雷达的应用场景

频率/GHz	24	77	79
探测距离	短距/中距离	远距离	短/中/长覆盖
探测角度	大	小	大
体积	大	小	—
识别精度	0.5 m	可达到厘米级	—

3）按照探测距离分类

车载毫米波雷达因具备受天气气候影响程度低、不受前方目标物形状与颜色等干扰、对动态金属物体探测性能好等特性，广泛应用于智能网联汽车先进辅助驾驶系统。不同探测距离决定了不同类型毫米波雷达的应用场景不同，因此不同高级辅助驾驶功能也需要不同的雷达选型。通常将毫米波雷达分为短程雷达（SSR）、中程雷达（MRR）和远程雷达（LRR）。

角雷达通常是 SRR 短程雷达，负责盲点监测（BSD）、变道辅助（LCA）和前后交叉交通警报（F/RCTA）等，而前雷达通常是负责自动紧急制动（AEB）与自适应巡航控制（ACC）的 MRR 和 LRR 中远程雷达，

4. 毫米波雷达的发展趋势

（1）国外车载毫米波雷达起步于 1998 年，历经 24 GHz 毫米波雷达、77 GHz 毫米波雷达、4D 雷达、4D 成像雷达四个阶段。早在 1998 年 24 GHz 毫米波雷达首次搭载在奔驰车上，国外 24 GHz 毫米波雷达由此起步。2010 年 77 GHz 毫米波雷达 MMIC 问世，相较于 24 GHz毫米波雷达，77 GHz 毫米波雷达的尺寸变小，进而使成本降低，另外能够集成多个通道，性能大幅提升，这是汽车雷达大规模量产装车的重要里程碑。随后 4D 雷达的出现，使毫米波雷达的性能发生了质的飞跃，在 2015 年之前毫米波雷达只能获得 3D 信息（距离、速度、方位角），方位角只能探测水平方位角而不能获得高度信息。2015 年大陆博世发布第四代雷达，整个雷达行业进入 4D 雷达时代，其相比于 3D 雷达新增俯仰角，从而能够获得高度维度信息。2020 年 9 月，大陆博世发布 4D 成像雷达——大陆 ARS540，使毫米波雷达产业开始进入成像化时代，雷达从此可以生成相对密集的点云，毫米波雷达作用也从对外输出目标

变为对周围环境建模，感知能力更接近激光雷达而且弥补了激光雷达受环境影响大的问题。

图 5-1-5 所示为国内外毫米波雷达发展时间线。

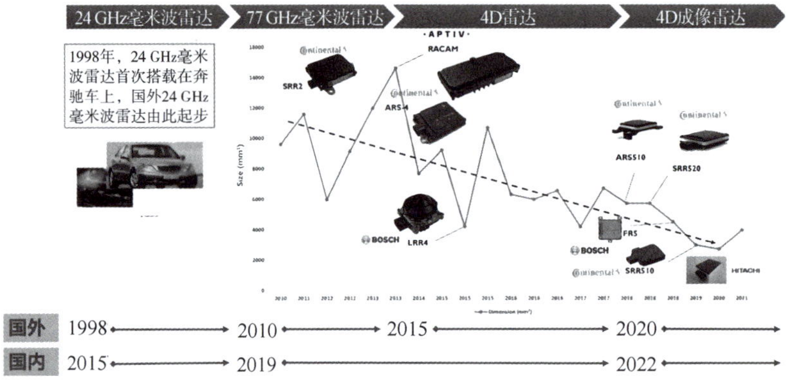

图 5-1-5　国内外毫米波雷达发展时间线

（2）2013 年，24 GHz 毫米波雷达进入中国市场，77 GHz 毫米波雷达实行技术封锁。我国的毫米波雷达产业起步于 2015 年，在国外技术封锁的情况之下，我国在毫米波雷达上开始了自己的探索，国内厂商从 2015 年才逐步拿到毫米波雷达芯片开始研发 24 GHz 毫米波雷达，并涌现出一大批敢为人先的毫米波雷达创业企业，2018 年多个厂商开始量产 24 GHz 毫米波雷达，2019 年量产 77 GHz 毫米波雷达，此时国外已经量产第四代 4D 雷达而且开始着手研发第五代 4D 成像雷达。总体来说，国产毫米波雷达行业奋力崛起取得了较大突破，实现了常用毫米波雷达的量产。

5. 毫米波雷达性能的评价

根据雷达的特性和应用需求，可以从以下五个维度来评价毫米波雷达的性能。

（1）高可靠性，高安全性（车载产品基本要素，包括抑制其他雷达干扰的能力、工作温度范围和平均无故障时间等）。

（2）检测范围（特别是远距离长度和近距离视野角度，兼顾远距高速相对运动目标和近距十字交叉运动目标）。

（3）目标距离、速度、角度检测精度（是分辨能力的基础，目标方位角测量精度更能反映雷达性能）。

（4）目标距离、速度、角度分辨率（区分开相邻两个目标的能力）。

（5）成熟稳定的雷达信号处理和目标跟踪算法，尤其是对行人、静止目标与横穿目标的检测和跟踪能力。

毫米波雷达设计参数与性能的关系如图 5-1-6 所示。

6. 毫米波雷达的数据结构解析

毫米波雷达主要实现三个作用：测距、测速、测方位角。对应以上作用，衡量毫米波雷达性能的主要指标也分成三类：

（1）测距：最远距离、距离精度、距离分辨率；

（2）测速：最大速度、速度精度、速度分辨率；

（3）测方位角：视场角、角度精度、角度分辨率。

毫米波雷达 CAN 数据读取

毫米波雷达线束的连接与安装

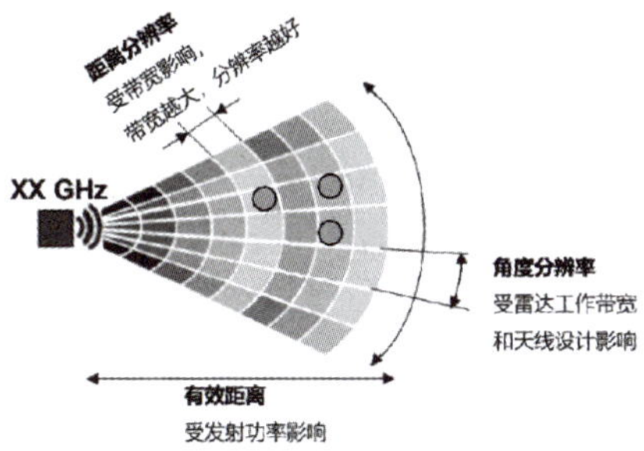

图 5-1-6　毫米波雷达设计参数与性能的关系

除上述指标之外，还有两个重要性能指标，分别为：检测目标数/跟踪目标数，刷新周期。这些测量数据通过 CAN 总线发送给智能网联汽车域控制器。

以大陆公司生产的 ASR-404 雷达为例，该雷达是一款 77 GHz 长距离双波束毫米波雷达，属于 ARS400 系列的入门款，特斯拉 Model3 等多个量产乘用车应用该雷达的定制款作为前向雷达。

ARS404 毫米波雷达有一个 CAN 总线接口，采用 ISO11898-2 标准，速率为 500 KB/s。此外，需要注意毫米波雷达没有配备终端电阻，且在 CAN 总线端添加了 120 Ω 的终端电阻。

为了能够在一个 CAN 总线上增加 8 个传感器，可以配置每个传感器的 ID 号。表 5-1-2 给出了传感器的 CAN 消息。传感器 D0～7 所对应的消息 D 可以通过计算得出，即消息 ID=消息 ID0+传感器 ID×10。例如：消息 D 为 0×200，对应的是传感器 D0，所以消息 ID 为 0×210，对应的是传感器 D1。当设置完传感器的 ID 之后，传感器将只对新的消息 D 起作用。唯一例外的是继电器控制消息 0×8 对所有传感器 ID 都拥有同样的消息 ID。

表 5-1-2　传感器 CAN 消息（传感器 ID0）

In/Out	ID	消息名称	内容
In	0×200	RadarCfg	传感器配置
Out	0×201	RadarState	传感器状态
In	0×202	Filtercfg	过滤配置
Out	0×203	FilterState_ Header	过滤状态包头
Out	0×204	FilterState_Cfg	过滤配置状态
In	0×400	CollDetCfg	碰撞检测配置
In	0×401	CollDetRegionCfg	碰撞探测区域配置
Out	0×408	CollDetState	碰撞检测状态
Out	0×402	CollDetRegionState	碰撞检测区域状态
In	0×300	SpeedInformation	车辆速度
In	0×301	YawRateInformation	车辆偏航角速度
Out	0×600	Cluster_0_ Status	集群状态（列表头）
Out	0×701	Cluster_1_General	集群一般信息
Out	0×702	Cluster_2_Quality	集群重要信息

续表

In/Out	ID	消息名称	内容
Out	0×60A	Obj_ 0_Status	目标状态（列表头）
Out	0×60B	Obj_1_General	目标一般信息
Out	0×60C	Obj_2_Quality	目标重要信息
Out	0×60D	Obj_3_Extended	目标拓展信息
Out	0×60E	Obj_4_Warning	目标碰撞检测预警
Out	0×700	VersionID	软件版本
Out	0×8	CollDetRelayCtrl	继电器控制信息

模块六

先进辅助驾驶系统性能测试

项目一 AEBS系统封闭场景测试

任务目标

1. 掌握自动紧急制动系统的性能要求；
2. 掌握自动紧急制动系统的实验方法；
3. 能够熟练地按照测试用例进行测试；
4. 能够独立完成测试工单的填写并计算结果；
5. 能够养成严谨、慎重的测试工作态度。

任务导入

车厂技术人员在新车型上市前需要了解新车型辅助驾驶功能的性能是否能够满足C-NCAP中主动安全板块的要求。作为一名ADAS测试工程师，你要如何基于C-NCAP场景进行AEBS测试环境的搭建及其测试工作。

知识储备

一、自动紧急制动系统的工作原理

自动紧急制动系统AEBS，即“Advanced Emergency Braking System”的缩写，可以在环境感知系统检测到前方驾驶环境出现碰撞危险时通过制动系统协助驾驶者进行制动，从而避免或减轻事故的发生。

自动紧急制动系统主要由环境感知系统、辅助驾驶域控制器以及执行系统等组成，如图6-1-1所示。

AEBS系统通过摄像头或雷达检测和识别前方车辆，在有碰撞可能的情况下先用声音和警示灯提醒驾驶者进行制动操作回避碰撞，若驾驶者仍无制动操作，则系统判断已无法避免追尾碰撞，就会采取自动制动措施来减轻或避免碰撞。同时，AEB系统还包括动态制动支持，当驾驶者踩下制动踏板的力量不足以避免即将到来的碰撞时，就会为其补充制动力。

AEBS系统的实车测试主要由以下三个测试阶段组成，如表6-1-1所示，在不同测试阶段对系统的测试内容各不相同。

表6-1-1 不同阶段AEBS系统测试内容

阶段	测试方式	目的
开发阶段	封闭道路场地测试	功能测试以及参数匹配标定
验证阶段	封闭道路场地测试	性能测试以及标准测试
量产前	开放道路测试	误触发测试

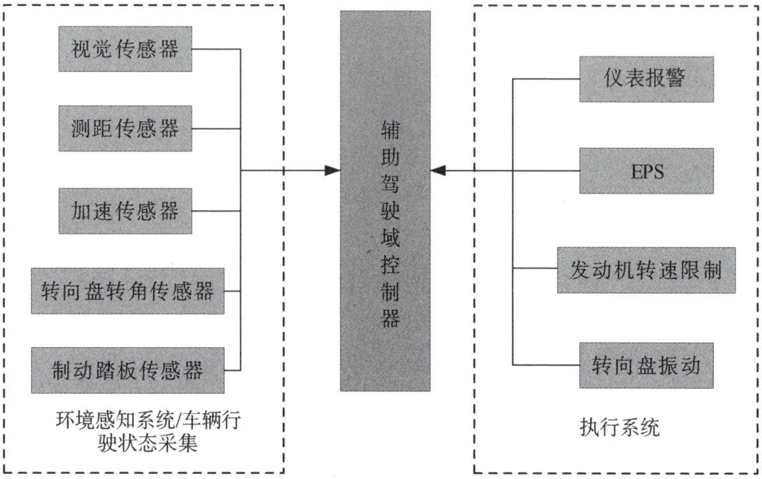

图 6-1-1　自动紧急制动系统组成

二、自动紧急制动测试的车辆及环境要求

1. C-NCAP 主动安全版块对车辆的要求

C-NCAP 管理规程的附录 C——主动安全 ADAS 试验方法中对测试车辆环境等进行了规定，具体内容如下：

1）车辆坐标系

试验中采用 ISO 8855：1991 中所指定的惯性坐标系，其中 x 轴指向车辆前方，y 轴指向驾驶员左侧，z 轴指向上方（右手坐标系）。从原点向 x、y、z 轴的正向看去，绕 x、y 和 z 轴顺时针方向旋转是侧倾角、俯仰角和横摆角。左舵和右舵试验车辆皆采用此坐标系。

2）试验天气要求

（1）天气干燥，没有降水、降雪等情况。

（2）水平方向上的能见度不低于 1 km。

（3）风速不大于 10 m/s。

（4）对于在自然光条件下进行的试验，整个试验区域内的照明情况一致，光照强度不低于 2 000 Lux。除由于试验设备所造成的影响外，在整个区域内不应有明显的阴影区域。试验不在朝向或背离阳光直射的方向上进行。

3）VUT 准备工作

（1）轮胎状态确认。

使用与厂家指定轮胎配置（供应商、型号、大小、速度及载荷等级）一致的全新原厂轮胎来进行试验。在确保与厂家指定轮胎配置（供应商、型号、大小、速度及载荷等级）相同的情况下，可以允许换用厂家或厂家指定代理商所提供的替代轮胎。将轮胎充气至厂家推荐的标准冷态气压，此冷态气压至少适用于普通载荷状态。

（2）整车状态确认。

① 加注至少油箱 90%容积的燃油。

② 检查全车油、水，并在必要时将其加至最高限值。

③ 确保试验车辆内已载有备胎（如果有此配置）和随车工具。车内不应再有其他物品。

④ 确保已依照厂家推荐的当前载荷状态下的轮胎压力对所有轮胎充气。

⑤ 测量车辆前后轴荷并计算车辆总质量，将此质量视为整车整备质量并记录。

（3）制动系统磨合。

试验车辆以 80 km/h 为磨合初速度，以 3 m/s^2的减速度制动直至车辆停止，重复此过程 200 次。初始制动温度为 65～200 ℃，每两次制动之间要将温度冷却到 65～200 ℃或行驶 2 km。

（4）设备安装及配载。

① 安装试验用仪器设备。

② 根据配载质量要求（200 kg，扣除试验驾驶员及测试设备质量）对车辆进行配载，安装牢靠。

③ 在包含驾驶员的情况下，测量车辆前后轴荷。

④ 将其与车辆整备质量做比较。

⑤ 测得的车辆总质量与整备质量+200 kg 之间的差距应在±1%之内，前后轴荷分布与满油空载车辆轴荷分布之间的差距应小于 5%。如果车辆实际情况不符合此要求，则在对车辆性能没有影响的情况下对配载进行调整，并在调整之后确保固定牢靠。

⑥ 重复③到⑤直至车辆前后轴荷和总质量可以达到⑤中的要求。仔细调整配载，尽可能地接近车辆原厂属性，并记录最终轴荷。

4）VUT 试验预处理

（1）系统功能设置。

将系统功能中驾驶员自定义选项，设置为中间级别或中间级别的更高一级，设置要求如图 6-1-2 所示。在进行 LDW/LKA 系统测试时，车道居中功能应关闭；在进行 SAS 系统功能测试时，驾驶员自定义选项，将超速报警阈值设置为 0 km/h。

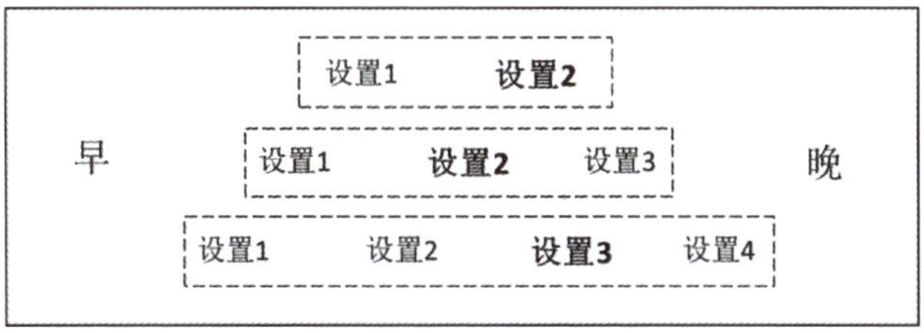

图 6-1-2　系统功能级别设置

（2）主动机罩系统。

当车辆安装有“主动机罩系统”时，试验前关闭此系统。

（3）试验前制动准备。

① 在 56 km/h 的初速度下，以 0.5 g~0.6 g 的平均减速度将车辆制动到静止，共进行 10 次。

② 在完成初速度为 56 km/h 的系列制动后，立即在 72 km/h 的初速度下全力制动，使车辆停车，共进行 3 次。

③ 在进行②规定的制动时，应在制动踏板上施加足够的制动力，使车辆的 ABS 在每次制动过程中的主要阶段都处于工作状态。

④ 在完成②的最后一次制动后，以 72 km/h 的车速行驶 5 min 对制动器进行冷却。

⑤ 在完成制动准备工作之后的 2 h 内开始进行试验。

（4）试验前轮胎准备。

① 驾驶试验车辆沿直径为 20 m 的圆环顺时针方向行驶 3 圈，然后按逆时针方向行驶 3 圈，行驶速度应使车辆产生 0.5 g~0.6 g 的侧向加速度。

② 采用频率为 1 Hz 的正弦转向输入、56 km/h 的车速进行试验，转向盘转角峰值时应使车辆产生 0.5 g~0.6 g 的侧向加速度。共进行 4 次试验，每次试验由 10 个正弦循环组成。

③ 在进行最后一次试验的最后一个正弦循环时，其转向盘转角幅值是其他循环的两倍，所有的试验之间允许的最长时间间隔为 5 min。

2. 总结测试车辆要求

在进行 AEB 测试时所使用的车辆必须与测试项目车辆配置完全一致，同时实现 AEB 功能的前提是车辆必须具备以下功能：

（1）具有防抱死制动装置（ABS）。

（2）具有电子稳定性控制系统（TCS）。

在满足以上前提条件下，C-NCAP 中对测试车辆的要求见表 6-1-2。

表 6-1-2　C-NCAP 对测试车辆的要求

车辆条件	乘用车（C-NCAP）	学校测试
轮胎状态	使用与厂家指定轮胎配置（供应商、型号、大小、速度及载荷等级）一致的全新原厂轮胎来进行试验	轮胎磨损正常
轮胎气压	轮胎充气至厂家推荐的标准冷态气压	轮胎充气至厂家推荐的标准冷态气压
油量	加注至少油箱 90%容积的燃油	油量满足车辆测试内容即可
总质量	总质量与整备质量+200 kg 之间的差距应在±1%之内	不用考虑
制动磨合	从 80 km/h 以 3 m/s^2 制动直至车辆停止，重复此过程 200 次	按照 C-NCAP 连续制动 3 次，每次间隔期间行驶 2 km

3. 测试天气要求

测试车辆类型为乘用车，C-NCAP 对测试天气的相关要求见表 6-1-3。

表 6-1-3　C-NCAP 对测试天气的要求

天气条件	乘用车 C-NCAP	学生测试环境
天气	天气干燥，没有降水、降雪等情况	天气干燥，没有降水、降雪等情况
气温	—	-20~45 ℃
路面	干燥，表面无可见水分，平整、坚实	沥青
路面坡度	坡度单一且保持在水平至 1%之间	肉眼可见的平坦路面
峰值路面附着系数	>0.9	不会使车辆打滑，具有相对良好的附着能力
能见度	1 km 以上	1 km 以上
光照	自然光 2 000 Lux 以上； 不逆光或背光	自然光 2 000 Lux 以上； 不逆光
风速	10 m/s 以下	小于 5 级风
阴影区域	除自车/目标车辆造成的阴影外，无阴影区域	除自车/目标车辆造成的阴影外，无阴影区域

C-NCAP 对测试环境的要求很苛刻是因为 C-NCAP 并非开发阶段测试需要足够的环境条件覆盖率，而是用于对比评价进行测试，需要保证除了测试车辆以外所有变量都完全一样。

4. 测试设备要求

对 C-NCAP 测评体系中 AEB CCRs 场景测试的测试设备包括 4a 仿真充气车、仿真充气车托盘、总线分析仪、测试过程记录用摄像头、测试用笔记本电脑、皮尺和 RT-Range 系统。

车内数据采集设备环境如图 6-1-3 所示。

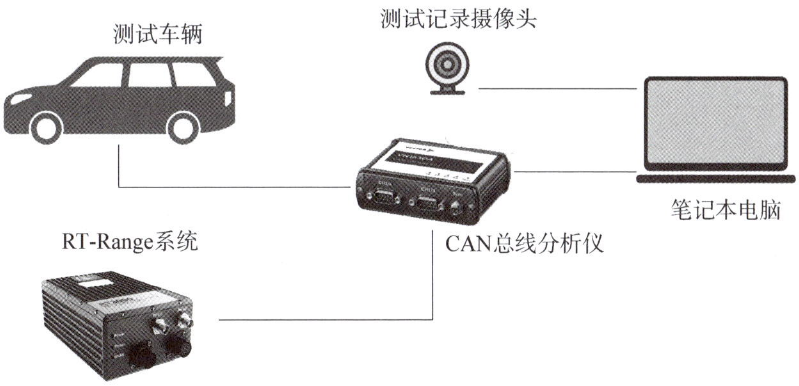

图 6-1-3　车内数据采集设备环境

RT-Range 系统安装布置如图 6-1-4 所示。

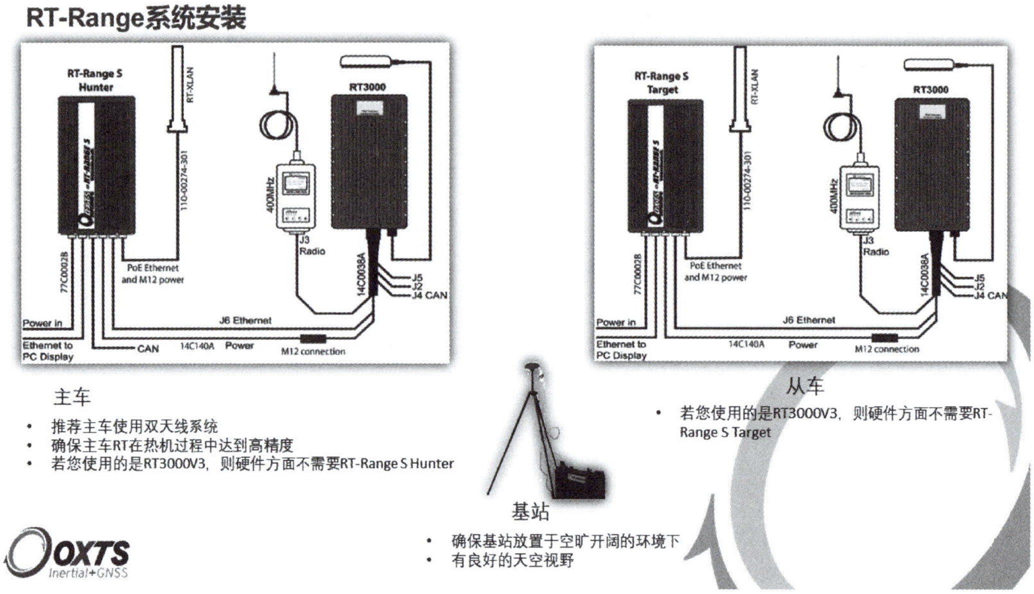

图 6-1-4　RT-Range 系统安装布置

任务实操

对 C-NCAP 中 AEB CCRs 场景进行 AEBS 系统封闭道路场地测试，测试工作按照测试用例进行测试并记录测试数据，同时填写测试结果，最终输出测试报告，测试报告及测试结果以学号命名。

模块七

智能网联汽车评价体系

项目一 认识智能网联汽车常见的测试评价体系

任务目标

1. 了解国内外主流的汽车评价体系；
2. 了解国内主流汽车评价体系中智能网联功能的相关测试内容；
3. 具备对测试评价体系管理规程的解读能力；

任务导入

测试工作是服务于评价体系的，常见的评价体系有哪些？

蔚来 ET5 ENCAP
主动安全测试场景

知识储备

一、国内外主流的整车测试与评价体系

汽车在带来便利性的同时，也制造了不少安全事故，且常常伴随乘员或行人的伤亡和经济损失。为此，许多国家都对汽车安全性提出了强制性要求，来管控汽车制造和生产过程。众多国家陆续推出了适合本国国情的汽车安全评价体系，用于为消费者提供客观的性能信息，从而促进汽车安全技术发展。目前各国的汽车安全评价体系主要分为两类：一类是以 Euro NCAP（The European New Car Assessment Programme）为代表的新车安全评价体系，大部分是由政府机构建立；另一类是保险协会推出的评价体系，主要基于 RCAR 标准，以美国公路安全保险协会（IIHS）和中国保险汽车安全指数（C-IASI）为代表。

目前智能网联汽车技术的主要量产实现形式是先进驾驶辅助系统，是当今汽车行业发展最热门的技术领域，同时国内外主流的整车测试与评价体系都在其管理规程中加入了对汽车先进辅助驾驶系统的评价，为汽车厂家以及消费者提供了车型的安全性能信息，以提高道路上车辆的安全性。

1. Euro NCAP

Euro NCAP 简称 E-NCAP，即欧盟新车安全评鉴协会，其是一个非营利性组织，旨在为消费者提供关于新车安全性能的独立评估，是专门针对量产车型安全性的评测机构，1996 年 11 月由欧洲汽车制造商协会、欧洲道路安全委员会、欧洲消费者组织和国家道路交通安全机构共同发起并正式成立。Euro NCAP 制定的五星安全评级系统是为了帮助消费者及其家人和企业更轻松地对比车辆，从而帮助他们确定可满足需要的最安全车辆，图 7-1-1 所示为 Euro NCAP 的官网。

Euro NCAP 的主要目标是提升车辆整体安全性，促进技术创新，并满足消费者对安全的需求。为了实现这些目标，Euro NCAP 进行了一系列严格的碰撞测试，以评估车辆在各种事

故情况下的安全性能。这些测试包括正面碰撞、侧面碰撞、侧面撞击护栏和行人保护等。

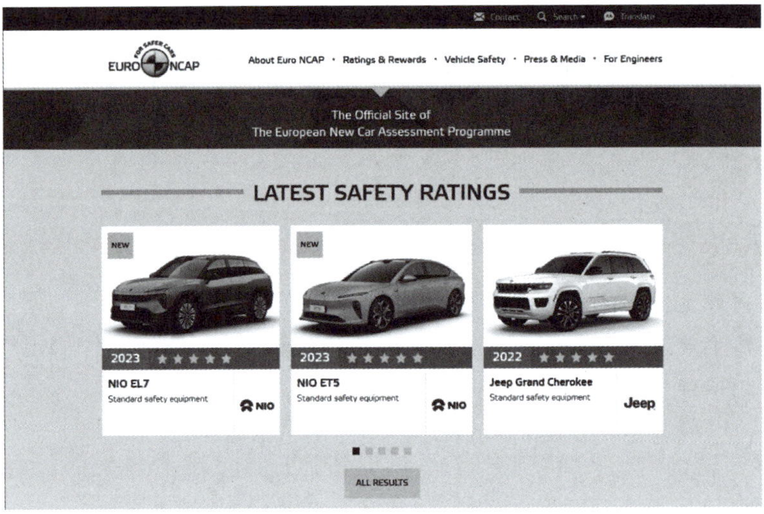

图 7-1-1　Euro NCAP 官网

除了传统的碰撞测试外，Euro NCAP 还于 2010 年开始加入了安全辅助系统的测试，目前已经更新到 2023 版测试评价标准，这些系统包括自动紧急制动、车道保持辅助、盲点监测、自适应巡航控制等。通过测试和评估这些安全辅助系统的性能，Euro NCAP 能够向消费者提供更准确和全面的车辆安全性能评估，并推动汽车制造商改进和创新这些系统。截至 2023 年上半年，全球所有车型中只有两款车辆经过了最新 2023 版测试评价标准测试并给予五星评级，引以为傲的是这两款车型是来自中国汽车制造商蔚来的 EL7 和 ET5。

安全评估根据由 Euro NCAP 设计并开展的一系列车辆试验来确定。这些试验以简单的方式再现了现实生活中可能导致车内乘员或路人受伤甚至死亡的重要事故场景。Euro NCAP 的评估结果以五星制进行评定，五星代表最高安全水平，而一星则表示较低的安全水平。这些评级不仅可帮助消费者做出明智的购车决策，还鼓励汽车制造商在安全方面进行持续改进。虽然安全评级无法完全呈现现实世界的复杂性，但是执行高安全标准所带来的车辆改进和技术进步已为欧洲及整个世界的交通领域带来了真正的好处。此外，Euro NCAP 的测试结果还被许多国家和地区机构用于制定标准法规，进一步推动了汽车安全领域的发展。

2. NHTSA

1978 年，美国高速公路交通安全管理局（NHTSA）开始对其国内常见车型进行碰撞测试，是世界 NCAP 的先驱者。美国高速公路安全管理局（NHTSA）是美国政府部门汽车安全的最高主管机关。作为美国政府部门中车辆安全监管的权威性机构，其承担着确保各类车辆必须符合机动车安全法规要求的重要职责。自 1993 年后，澳大利亚、日本、欧盟、韩国、中国以及拉丁美洲等均推出了各自的 NCAP 评价规程。NHTSA 最初只通过正面全尺寸碰撞一个测试项目来对车辆安全性进行评价，目前通过正面碰撞、侧面碰撞和翻滚试验 3 个子项目得分加权得到总分，从而进行车辆安全性的五星级评价。评价结果包括总星级和子项目星级，子项目星级和总星级各自有限值要求，互不影响。

3. C-NCAP

自美国 1979 年最早采用 NCAP（New Car Assessment Programme，即新车评价规程）体系以来，汽车安全性能逐渐被广大的汽车消费者所了解。四十多年来，世界各个国家/地区都相继开展了 NCAP 评价。2006 年，为了促进中国汽车产品安全技术水平的快速发展，降低道路交通安全事故中的伤亡率，实现构建和谐汽车社会的目的，在充分考虑中国道路交通事故实际的基础上，结合我国汽车标准、技术和经济发展水平，中国汽车技术研究中心有限公司正式建立了 C-NCAP（中国新车评价规程），其管理机构为中国汽车技术研究中心有限公司汽车测评管理中心，负责对 C-NCAP、C-GCAP、C-ICAP 等测评项目进行运营。中汽测评以引领汽车行业进步、支撑汽车强国建设为使命，通过独立、公正、专业、开放的测试评价，服务消费者，当好选车、购车参谋，促进汽车质量提升和新技术应用，助力中国汽车产品走向世界。

C-NCAP 官网如图 7-1-2 所示。

图 7-1-2　C-NCAP 官网

C-NCAP 旨在建立高标准、公平和客观的车辆安全性能评价方法，以促进车辆安全技术的发展，追求更高的安全理念。该项目的意义在于给消费者提供新上市车辆的安全信息，并推动生产企业加强对安全标准的重视，提高车辆安全性能和技术水平，同时使具有优异的安全性能的车辆在评价中予以体现。

在 C-NCAP 实施十多年来，国内车型整体安全技术水平及评价成绩大幅提高，车辆安全装置的配置率也显著增加，中国的广大消费者使用到了更加安全的汽车产品，获得了更为安全的驾乘体验，对于改善中国道路交通安全状况有着明显的效果。随着 C-NCAP 的顺利实施及研究的深入，中国汽车技术研究中心有限公司也对 C-NCAP 管理规则进行了多次完善和提升，经历了 2006 年版、2009 年版、2012 年版、2015 年版、2018 年版和 2021 版的变更。如今，车辆被动安全技术日益精细化，主动安全技术也进入了飞跃式发展阶段，被动安全和主动安全技术的相互融合将构成全方位的车辆乘员和弱势道路使用者的安全防护体系。

C-CNCAP 技术发展回顾如图 7-1-3 所示。

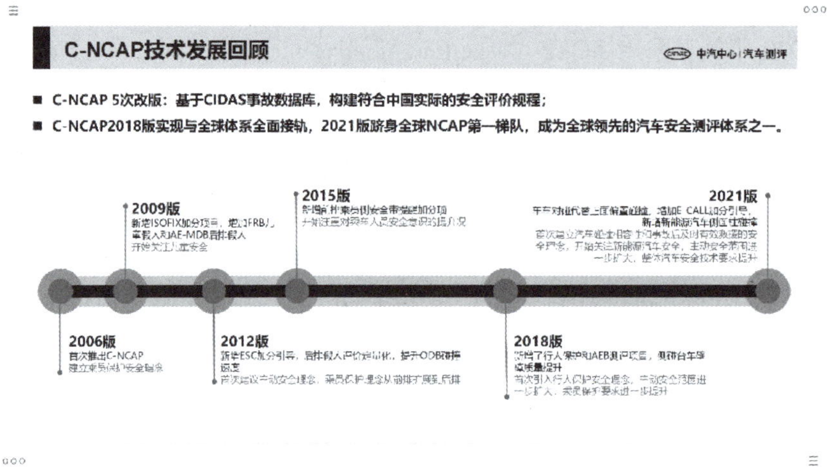

图 7-1-3　C-CNCAP 技术发展回顾

2021 版本的 C-NCAP 正式评价试验分为三个部分：

（1）乘员保护部分包含碰撞试验、儿童保护静态评价和低速后碰撞颈部保护试验。其中传统汽车进行正面 100%重叠刚性壁障碰撞、正面 50%重叠移动渐进变形壁障碰撞和可变形移动壁障侧面碰撞三项试验；新能源汽车（含纯电动汽车和插电式混合动力汽车）进行正面 100%重叠刚性壁障碰撞、正面 50%重叠移动渐进变形壁障碰撞和侧面柱碰撞三项试验。

（2）行人保护部分包含头型试验和腿型试验。

（3）主动安全部分包含车辆自动紧急制动系统（AEB）、车道保持辅助系统（LKA）和整车灯光系统的性能试验，以及车辆电子稳定性控制系统（ESC）、车道偏离报警系统（LDW）、车辆盲区监测系统（BSD）和速度辅助系统（SAS）的性能测试报告审核。

C-NCAP 测试主动安全测试项目测评结果如图 7-1-4 所示。

主动安全

评价车辆主动避免碰撞事故或减轻碰撞事故严重程度的功能设计

项目		满分	试验得分	权重	权重得分
ADAS	AEB(含HMI)	38	32.917	80%	40.734
	LKA	3	3		
	LDW	2	2		
	BSD	5	3		
	SAS	2	2		
	ESC	8	8		
整车灯光性能		10	7.592	20%	1.518

图 7-1-4　C-NCAP 测试主动安全测试项目测评结果

随着智能网联技术的快速发展，智能网联汽车的市场占有率逐步提高，“智能化”“网联化”功能配置日益成为汽车消费者购车过程中的重要诉求。如何引导企业生产更智能、更安全的汽车，如何普及智能消费和方便消费者在众多车型中挑选适合自己需求的智能网联汽车，是公众和行业持续关注的问题。

2022 年 12 月，中国汽车技术研究中心有限公司汽车测评管理中心发布了中国智能网联汽车技术规程（China Intelligent-connected Car Assessment Programme，C-ICAP），旨在建立高标准、公平和客观的车辆智能网联性能评价方法，以促进车辆智能网联技术的发展，追求更高的智能化、网联化发展理念。该项目的意义在于给消费者提供新上市车辆的智能网联性能信息，提高车辆智能网联性能和技术水平，同时使具有优异智能网联性能的车辆在评价中予以体现。C-ICAP 对辅助驾驶单元（行车辅助项目、泊车辅助项目）、智慧座舱单元开展测试评价，具体评价单元以及评价项目如图 7-1-5 所示。

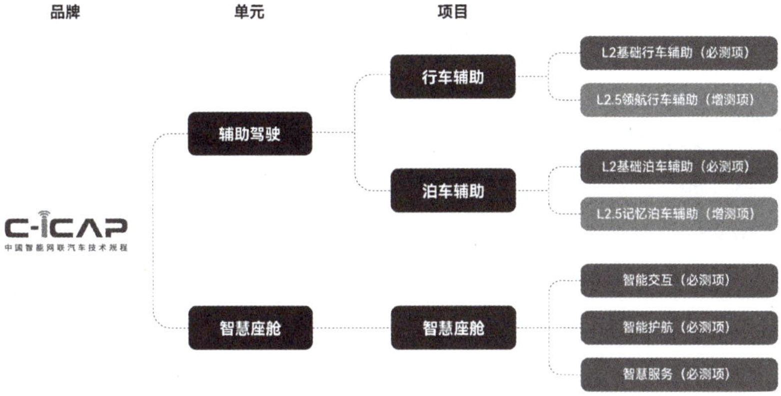

图 7-1-5　C-ICAP 评价单元以和评价项目

4. 中国智能汽车指数 IVISTA

IVISTA 中国智能汽车指数（简称“智能指数”）是中国汽车研究中心在中国汽车工业协会和中国汽车工程学会的指导下，基于我国第二个国家智能汽车试验示范区，与召回中心国家车辆事故深度调查体系（NAIS）、保险、高校等开展跨领域多元合作，结合中国自然驾驶数据和交通事故数据研究成果，自 2017 年打造的全球首个面向消费者的公平、公正、专业、权威的智能网联汽车第三方测试评价体系，如图 7-1-6 所示。

图 7-1-6　IVISTA 中国智能汽车指数

至今，智能指数已累计对近40个品牌的60余款智能汽车进行测评并发布结果，涵盖消费者关注的90%以上热点车型，被40余家车企纳入技术开发标准，被CARHS纳入全球汽车安全开发标准，拥有自主核心专利20余项，发表论文30余篇，出版专著2部，支撑20余项国家、行业、团体标准的研究制定，相关成果荣获2021年中国汽车工业科技进步一等奖。

当前实施的智能指数规程为2020版规程，自2021年4月1日起实施，包括智能安全、智能行车、智能泊车、智能交互、智能能效五大分指数，并首次引入“智能星级”评价，由五大分指数评价结果综合评定，最高评级为“5星智能（★★★★★）”。

中国智能汽车指数IVISTA评价结果如图7-1-7所示。

智能星级	智能行车	智能安全	智能泊车	智能交互	智能能效[3]
5星 ★★★★★	G	G	≥A[1]	≥A[1]	G[3]
			未搭载[2]	G[2]	
4星 ★★★★☆	≥A	≥A	≥A[1]	≥M[1]	≥A[3]
			未搭载[2]	≥A[2]	
3星 ★★★☆☆	≥M	≥M	≥M[1]	≥M[1]	≥M[3]
			未搭载[2]	≥A[2]	
2星 ★★☆☆☆	仅包含1个P评级				
1星 ★☆☆☆☆	包含≥2个P评级				

注1:搭载智能泊车时的星级评定规则
注2:未搭载智能泊车时的星级评定规则
注3:新能源汽车星级评定增加智能能效测评

各个板块评级形式：G A M P

图7-1-7 中国智能汽车指数IVISTA评价结果

5. 中国保险汽车安全指数（C-IASI）

随着汽车产品和服务消费的快速发展，汽车消费市场呈现出了新形势下的新需求；供给侧改革进步对保险行业的服务能力和汽车行业的产品开发提出了新要求。为应对新形势下的新需求和新要求，融合第三产业和第二产业的关键环节，加速保险行业与汽车产业的协同创新，探索保险角度的汽车安全技术研究路径，在中国保险行业协会的指导下，中国汽车工程研究院和中保研汽车技术研究院联合开展了“中国保险汽车安全指数”的研究工作，首次从汽车的持有使用环节，将汽车作为承保标的物对其安全风险进行系统、深入的试验研究。

中国保险汽车安全指数（C-IASI）官网如图7-1-8所示。

图7-1-8 中国保险汽车安全指数（C-IASI）官网

中保研汽车技术研究试验中心（北京）有限公司是 C-IASI 的日常管理机构，公司下设指数管理部、测试评价部、体系技术部和办公室，分别承担 C-IASI 的相关职能。C-IASI 设立专家委员会，负责对安全指数进行政策、行业信息参考和技术咨询，成员包括但不限于汽车行业、保险行业、高校等权威专家。C-IASI 分别设有北京、重庆两个测评基地，耐撞性与维修经济性指数测试评价在北京测评基地进行，车内乘员安全指数、车外行人安全指数和车辆辅助安全指数测试评价在重庆测评基地进行。

图 7-1-9 所示为某车型 C-IASI 测试辅助安全测试项目测评结果。

总体评价等级	评价项目	评价结果
G	车对车自动紧急制动系统（AEB C2C,满分22分）	18
	行人与骑行者自动紧急制动系统（AEB VRU,满分56分）	47
	车道辅助系统（LSS,满分14分）	14
	整车前照灯（HEADLAMP,满分22分）	15.43
	紧急救援服务系统（加分项：E-call，满分2分）	2
	总得分（满分114分）	96.43
	得分率	84.6%

图 7-1-9　C-IASI 测试辅助安全测试项目测评结果

二、国内主流测试评价体系对主动安全的测试与评价

1. C-NCAP 中主动安全测试评价项目

C-NCAP 在主动安全方面评价的建立更侧重关注人为因素造成的道路交通安全事故，并通过主动安全系统的导入提升道路交通安全性。由交通事故统计可以看出，四轮或三轮车事故及行人事故占比较高。为此，CNCAP 将更加关注于弱势群体的主动安全。

测试项目包括自动紧急制动系统（AEB）中车辆追尾自动紧急制动系统（AEB CCR）、行人自动紧急制动系统（AEB VRU_Ped）以及二轮车自动紧急制动系统（AEB VRU_TW）和车道保持辅助系统（LKA）的测试。

1）自动紧急制动系统（AEB）。

（1）车辆追尾自动紧急制动系统（AEB CCR）。

车辆追尾自动紧急制动系统（AEB CCR）功能的测试包含两种场景，分别是前车静止测试场景（CCRs）以及前车慢行测试场景（CCRm），测试场景分别如图 7-1-10 和图 7-1-11所示。

① 前车静止（CCRs）场景为目标车辆在测试车辆的行驶路径上，测试车辆按照规划路径行驶，如图 7-1-10 所示，测试车辆分别以 20 km/h、30 km/h 和 40 km/h 的速度测试自动紧急制动（AEB）功能，以 50 km/h、60 km/h、70 km/h 和 80 km/h 的速度测试前向碰撞预警（FCW）功能。测试车辆在行驶轨迹上进行 100%重置测试后，再进行左右偏置率 50%的测试。

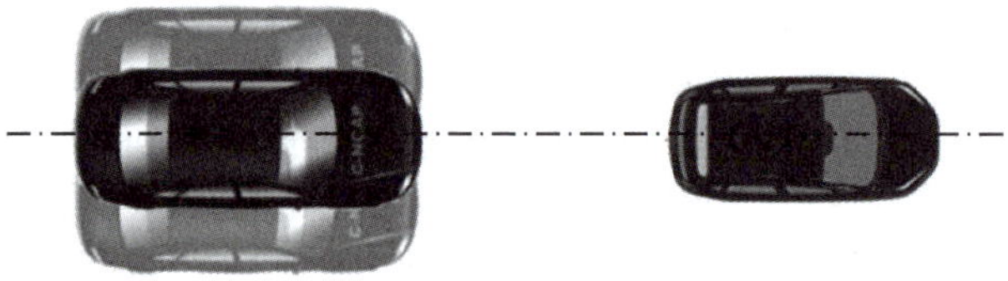

图 7-1-10　CCRs 场景

② 前车慢行（CCRm）场景为目标车辆在测试车辆的行驶路径上，测试车辆按照规划路径行驶，如图 7-1-11 所示，测试车辆分别以 30 km/h、40 km/h 和 50 km/h 的速度测试自动紧急制动（AEB）功能，以 60 km/h、70 km/h 和 80 km/h 的速度测试前向碰撞预警（FCW）功能。测试车辆在行驶轨迹上进行 100% 重置测试后，再进行左右偏置率 50% 的测试。

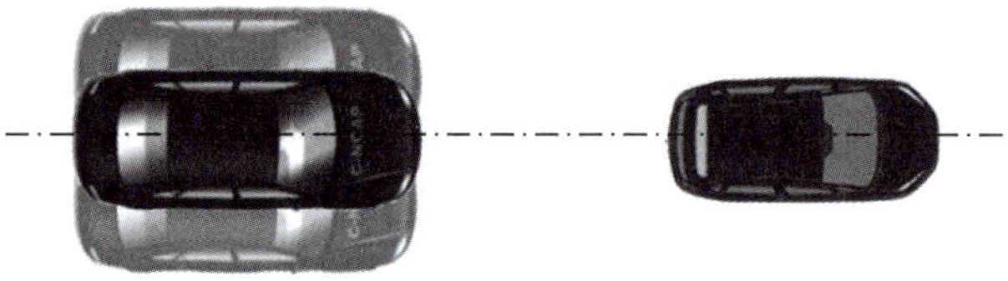

图 7-1-11　CCRm 场景

（2）AEB 车对行人场景。

AEB 车对行人主要包括以下场景：CPNA、CPFA、CPLA，并且增加了夜间测试场景，可根据事故数量比例进行赋分，具体见表 7-1-1。

表 7-1-1　AEB 行人场景

<table>
<tr><td>场景</td><td colspan="2">CPNA 白天</td><td colspan="3">CPFA 白天</td><td colspan="3">CPFA 夜晚</td><td>CPLA 白天</td><td>CPLA 夜晚</td></tr>
<tr><td>测试项目</td><td colspan="8">AEB</td><td colspan="2">AEB、FCW</td></tr>
<tr><td>测试速度/（km·h^{-1}）</td><td colspan="8">20、30、40、50、60</td><td colspan="2">20、30、40、50、60、70、80</td></tr>
<tr><td>目标速度</td><td colspan="3">行人以 5 km/h 速度穿行</td><td colspan="5">行人以 6.5 km/h 速度穿行</td><td colspan="2">行人以 5 km/h 速度穿行</td></tr>
<tr><td>碰撞位置/%</td><td>75</td><td colspan="2">25</td><td>50</td><td colspan="3">25</td><td>25</td><td>50</td><td>25</td></tr>
<tr><td>事故数量/起</td><td colspan="3">77</td><td colspan="3">83</td><td colspan="2">187</td><td>38</td><td>45</td></tr>
<tr><td>事故总数/起</td><td colspan="10">425</td></tr>
</table>

CPNA 为行人近端横穿场景，即行人从车辆行驶方向右侧出发，以 5 km/h 的速度向与车

辆行驶方向垂直的方向移动，测试车辆分别以 20 km/h、30 km/h、40 km/h、50 km/h 和 60 km/h的速度测试，碰撞位置分别在偏置 25%和 75%处的碰撞点，如图 7-1-12 所示。

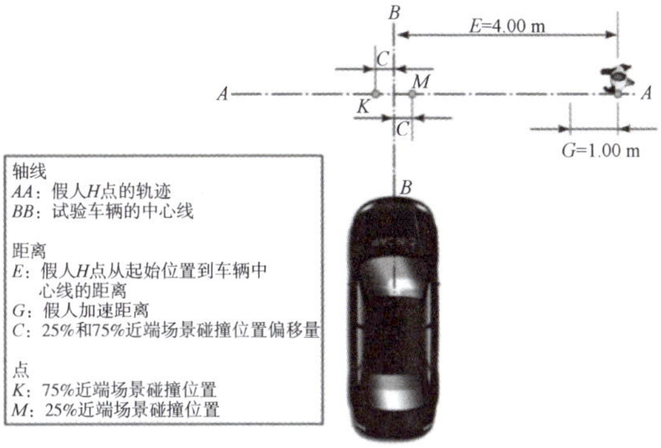

图 7-1-12　CPNA 近端行人横穿场景

CPFA 为行人远端横穿场景，即行人从车辆行驶方向左侧出发，以 6.5 km/h 的速度向与车辆行驶方向垂直的方向移动，测试车辆分别以 20 km/h、30 km/h、40 km/h、50 km/h和 60 km/h 的速度测试，碰撞位置分别在偏置 25% 和 75% 处的碰撞点，如图 7-1-13所示。

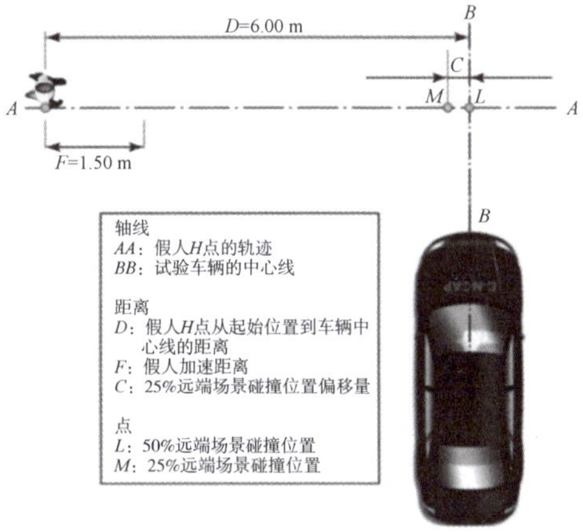

图 7-1-13　CPFA 近端行人横穿场景

CPLA 为纵向行人接近场景，即行人沿着测试车辆行驶方向远离测试车辆。在 CPLA-50 纵向场景下，行人以 5 km/h 的速度向与车辆行驶方向相同的方向移动，测试车辆分别以 20 km/h、30 km/h、40 km/h、50 km/h 和 60 km/h 的速度测试，碰撞位置在车头正中心处。CPLA-25 纵向场景下，行人以 5 km/h 的速度向与车辆行驶方向相同的方向移动，测试车辆分别以 50 km/h、60 km/h、70 km/h 和 80 km/h 的速度测试，碰撞位置在车头中心右侧偏置 25%处，如图 7-1-14 所示。

（3）两轮车场景 AEB VRU_Ped。

AEB VRU_Ped 系统测试场景包括 CBNA-50、CSFA-50、CBLA-25、CBLA-50 四种场景，要求如表 7-1-2 所示。

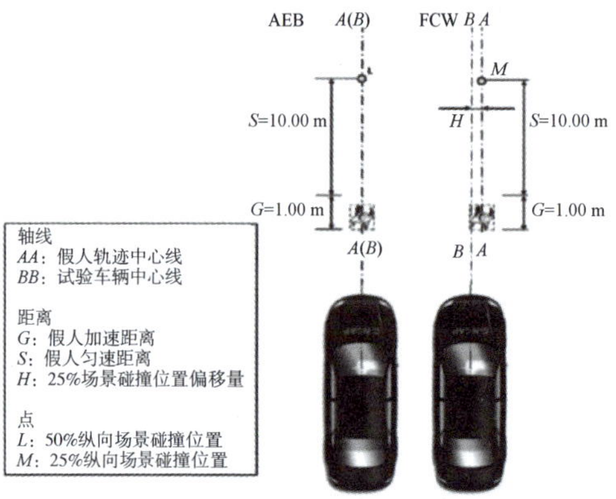

图 7-1-14　CPLA 纵向行人接近场景

表 7-1-2　两轮车测试场景

场景	CBNA-50	CSFA-50	CBLA-50	CBLA-25
测试项目	AEB		AEB	FCW
测试速度/(km · h^{-1})	20、30、40、50、60		20、30、40、50、60	50、60、70、80
目标速度/(km · h^{-1})	15	20	15	
碰撞位置/%	50	50	50	25
事故数量/起	468		155	
事故总数/起	623			

CBNA-50（Car-to-Bicyclist Nearside Adult，车辆碰撞近端自行车）场景为自行车目标近端横穿场景，两轮自行车目标物以 15 km/h 的速度向与车辆行驶方向垂直的方向移动，测试车辆分别以 20 km/h、30 km/h、40 km/h、50 km/h 和 60 km/h 的速度测试，在没有采取制动措施的情况下，车辆与近端横穿的自行车发生碰撞，碰撞位置在车头中心处，场景如图 7-1-15所示。

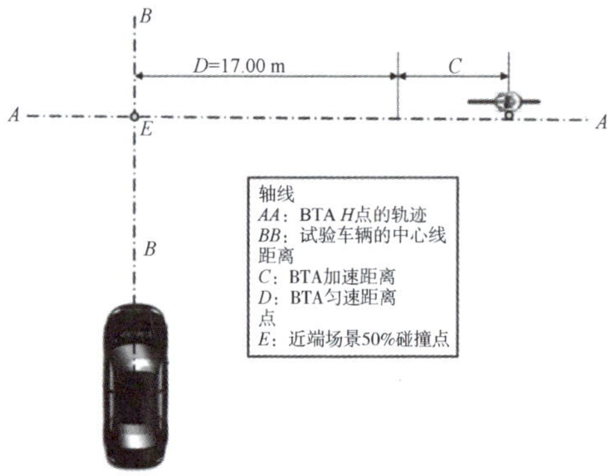

图 7-1-15　CBNA-50 场景示意图

CSFA-50（Car-to-Scooter Farside Adult，车辆碰撞远端踏板式摩托车）场景下，踏板式摩托车以 20 km/h 的速度向与车辆行驶方向垂直的方向移动，测试车辆分别以 30 km/h、40 km/h、50 km/h 和 60 km/h 的速度进行测试，在没有采取制动措施的情况下，车辆与远端横穿的踏板式摩托车发生碰撞，碰撞位置在车头正中心处，如图 7-1-16 所示。

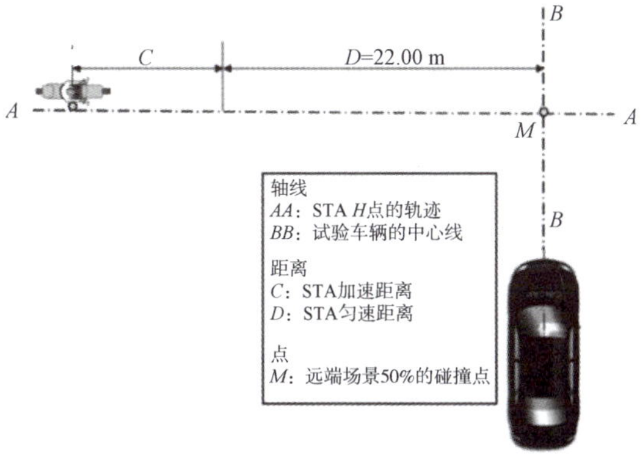

图 7-1-16　CSFA-50 场景示意图

CBLA-50（Car-to-Bicyclist Longitudinal Adult，车辆碰撞纵向行驶自行车）场景下，二轮车目标以 15 km/h 的速度向与车辆行驶方向相同的方向移动，测试车辆分别以 20 km/h、30 km/h、40 km/h、50 km/h 和 60 km/h 的速度测试，在没有采取制动措施的情况下，车辆与前方纵向行驶的自行车发生碰撞，且碰撞位置在车头中心位置；CBLA-25 场景下，二轮车目标以 15 km/h 的速度向与车辆行驶方向相同的方向移动，测试车辆分别以 50 km/h、60 km/h、70 km/h、80 km/h 的速度测试，在没有采取制动措施的情况下，车辆与前方纵向行驶的自行车发生碰撞，且碰撞位置在车头中心偏置 25%处，CBLA 场景如图 7-1-17 所示。

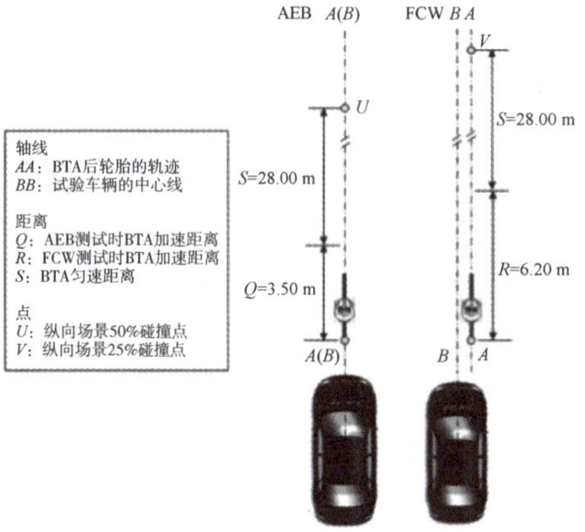

图 7-1-17　CBLA-50、25 场景示意图

2）车道保持辅助系统（LKA）测试

LKA 系统在探测到车辆偏离所行驶道路车道标线时，自动介入车辆横向运动控制，使车辆保持在原车道内行驶。对于配置了 LKA 系统的车型，分别进行实线和虚线偏离场景测

试，表 7-1-3 所示为 LKA 系统测试项目汇总表。

表 7-1-3　LKA 系统测试项目汇总表

LKA 测试场景			
车道线类型	偏离方向	测试车速/($km \cdot h^{-1}$)	偏离速度/($m \cdot s^{-1}$)
实线	左侧	80	0.2
			0.3
			0.4
			0.5
	右侧	80	0.2
			0.3
			0.4
			0.5
虚线	左侧	80	0.2
			0.3
			0.4
			0.5
	右侧	80	0.2
			0.3
			0.4
			0.5

试验开始时，车辆以（80±1）km/h 的速度在车道内沿直线行驶；当车辆进入试验车道并达到稳定状态后，可以向车道的左侧（右侧）以 0.2 m/s、0.3 m/s、0.4 m/s 的横向速度逐渐偏离，若车辆报警，则采集报警时车轮最外缘与车道线（标线最外侧）之间的横向距离，若横向距离在 0.2 m 以内，则判定合格。图 7-1-18 所示为车辆右偏离实线车道场景。

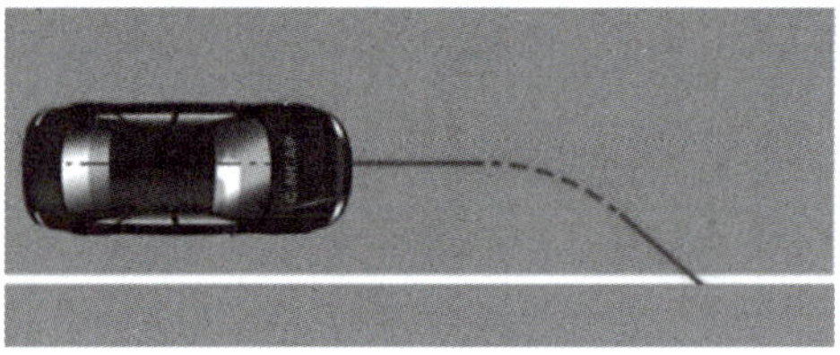

图 7-1-18　车辆右偏离实线车道场景

3）HMI 测试（LKA）测试

HMI 测试包括 AEB CCR、AEB VRU_Ped 及 AEB VRU_TW 的测试，具体测试项目如表 7-1-4所示。

表 7-1-4 HMI 测试项目

测试项目	评价项目	权重	分值
AEB CCR	关闭要求	2	2
	FCW 辅助报警要求	1	
	主动式安全带预警功能	1	
AEB VRU_Ped	关闭要求	2	2
	FCW 辅助报警要求	1	
AEB VRU_TW	关闭要求	—	2

（1）AEB CCR 场景的 HMI 测试评价。

得分前提：在车辆起动时 AEB 和 FCW 系统功能默认状态为“开启”，且 FCW 的报警声音要清晰响亮。

当以上得分前提得到满足时，以下三点是 HMI 的得分项，根据权重与分值进行计算：

① 关闭要求：不能通过单一按键的一次短按操作关闭，以避免功能被误操作的无意识状态下关闭。

② 报警要求：除基本的声光报警要求外，FCW 具备其他形式报警（抬头显示、安全带振动、点刹或其他触觉形式的报警）。

③ 安全带预紧：车辆具有安全带预紧功能。当系统识别到车辆处于可能发生碰撞的危险状态时，安全带具备在碰撞前进行主动预紧的功能，结构原理需保证其可以重复使用。

（2）AEB VRU_Ped 场景的 HMI 测试评价。

得分前提：在车辆起动时 AEB 和 FCW 系统功能默认状态为“开启”，且 FCW 的报警声音要清晰响亮。

当以上得分前提得到满足时，以下两点是 HMI 的得分项，且两点同时满足时才可以得分，没有 FCW 功能的系统本项不得分：

① 关闭要求：不能通过单一按键的一次短按操作关闭，以避免功能被误操作的无意识状态下关闭。

② 当测试车辆车速大于 40 km/h 并检测到可能导致车辆与成年假人目标物相撞时，系统须发出响亮而清晰的警告提醒驾驶员。警告要在保持当前时刻的运动状态下测试车辆与目标发生碰撞所需的时间等于 1.2 s 之前发出，以给驾驶员足够的时间对警告做出反应。

（3）AEB VRU_TW 场景的 HMI 测试评价。

在车辆起动时 AEB 和 FCW 系统功能默认状态为“开启”，FCW 的报警声音要清晰响亮，且 AEB 功能不能通过单一按键的一次短按操作关闭，满足以上条件则得分。

项目二　根据 C-NCAP 管理规则对主动安全测试结果进行评价

任务目标

1. 了解 C-NCAP 测试评价体系的管理规则；
2. 了解 C-NCAP 测试评价体系中的分值权重；
3. 具备对测试评价体系管理规程设计主动安全板块评价表的能力；
4. 能够根据 C-NCAP 管理规则完成对智能网联汽车主动安全板块的评价工作。

任务导入

在测试工作完成之后需要对测试结果进行评价，作为一个测试工程师，应该如何根据测试评价体系的管理规定对测试结果进行评价？

知识储备

一、C-NCAP 主动安全模块评价方法

在 C-NCAP 中先进驾驶辅助系统（ADAS）的测试最高得分为 56 分，其中依靠测试结果进行评价的分值为 41 分，其余分数为审核项得分。具体的分值分配见表 7-2-1。

表 7-2-1　C-NCAP 中先进驾驶辅助系统（ADAS）得分

项目名称	测试场景	各项分值	评价项分值
AEB CCR	CCRs	4	41
	CCRm	7	
AEB VRU_Ped	CPNA 白天	2	
	CPFA 白天	2	
	CPFA 夜晚	4	
	CPLA 白天	1	
	CPLA 夜晚	1	
AEB VRU_TW	CBNA	4	
	CSFA	4	
	CBLA	3	
LKA	—	3	
HMI	—	6	

1. AEB CCR 系统得分计算

（1）AEB CCR 系统评价各测试速度权重与场景分值如表 7-2-2 所示。

表 7-2-2 AEB CCR 系统评价各测试速度权重与场景分值

测试场景	测试类型	测试速度/(km·h⁻¹)	偏置率/%	项目权重	场景分值
CCRs（前车静止）	AEB	20	-50	2	4
		20	100	2	
		30	+50	2	
		30	100	2	
		40	-50	3	
		40	100	3	
	FCW	50	+50	1	
		50	100	1	
		60	-50	3	
		60	100	3	
		70	+50	1	
		70	100	1	
		80	-50	2	
		80	100	2	
CCRm（前车慢行）	AEB	30	+50	2	7
		30	100	2	
		40	-50	2	
		40	100	2	
		50	+50	4	
		50	100	4	
	FCW	60	-50	2	
		60	100	2	
		70	+50	3	
		70	100	3	
		80	-50	3	
		80	100	3	

（2）AEB CCR 各测试场景得分率计算。

对于 AEB 功能和 FCW 功能测试，评分是基于各测试点相对速度的减少量进行计算的。对于完全避免碰撞的试验，该测试速度点得满分；对于没有完全避免碰撞发生的试验，使用线性插值的方法来计算对应的单个试验的得分，计算过程中保留至小数点后三位，计算方法如下：

$$各个测试项得分率=\frac{(V_{Start\_VUT}-V_{Start\_GVT})-(V_{Collision\_VUT}-V_{Collision\_GVT})}{(V_{Start\_VUT}-V_{Start\_GVT})}$$

式中：V_{Start_VUT}——试验开始时测试车辆的速度，单位为千米每小时（km/h）；

V_{Start_GVT}——试验开始时目标车辆的速度，单位为千米每小时（km/h），已知目前目标车辆运动场景车速为 20 km/h，静止场景车速为 0 km/h；

$V_{Collision\_VUT}$——碰撞时刻测试车辆的速度，单位为千米每小时（km/h）；

$V_{Collision\_GVT}$——碰撞时刻目标车辆的速度，单位为千米每小时（km/h），已知目前目标车辆运动场景车速为 20 km/h，静止场景车速为 0 km/h。

需要注意：

① 如果测试过程中某一测试项测试车辆速度小于 5 km/h 或者碰撞时测试车辆速度大于 50 km/h，则该测试项的得分率为 0；

② FCW 功能的各测试速度点要求 FCW 功能报警时刻的 TTC 小于 4 s，对于不符合要求的测试项得分率为 0。

以 CCRm 测试场景中 FCW 测试为例，测试车辆速度 $V_{Start\_VUT}=70$ km/h 且重叠率为+50%的测试项，若 FCW 报警时刻 TTC 值大于 4 s，则得分率为 0%；若测试车辆通过主动安全功能，完全避免碰撞，则得分率为 100%；若为通过，则经过测试得到测试结果为碰撞时刻测试车辆速度为 $V_{Collision\_VUT}=35$ km/h，由场景得分率计算公式可计算得到该测试项的得分率为 70%，计算过程如下：

$$\text{CCRm}(70\ \text{km/h},+50\%)\text{场景得分率}=\frac{(70-20)-(35-20)}{(70-20)}=\frac{50-15}{50}=70\%$$

（3）AEB CCR 系统得分计算。

通过前面的计算能够得到 AEB CCR 系统各个测试项的得分率，之后根据各个测试项的得分率以及测试项对应的权重来计算 AEB 功能和 FCW 功能各场景的得分率，计算公式如下：

$$\text{功能得分率}=\frac{\sum\text{各项目权重}\times\text{各项目得分率}}{\text{该功能各项目权重之和}}$$

之后依据各场景得分率以及对应的场景权重占比，计算出 CCRs 和 CCRm 场景的得分率，计算公式如下：

$$\text{场景得分率}=\frac{\text{AEB 得分率}\times\text{AEB 权重分值}+\text{FCW 得分率}\times\text{FCW 权重分值}}{\text{该场景总权重}}$$

最后根据 CCRs 和 CCRm 场景的得分率及对应权重占比，计算得到 AEB CCR 系统的得分，计算公式如下：

$$\text{AEB CCR 得分}=\text{CCRs 得分率}\times 4+\text{CCRm 得分率}\times 7$$

AEB CCR 场景得分计算过程如图 7-2-1 所示。需要注意，若测试车辆只有 AEB 功能而没有 FCW 功能，则 FCW 功能的测试按照 AEB 功能的测试方法进行；若测试车辆只有 FCW 功能，那么只进行 FCW 功能部分的测试，AEB 功能部分得分计为零。

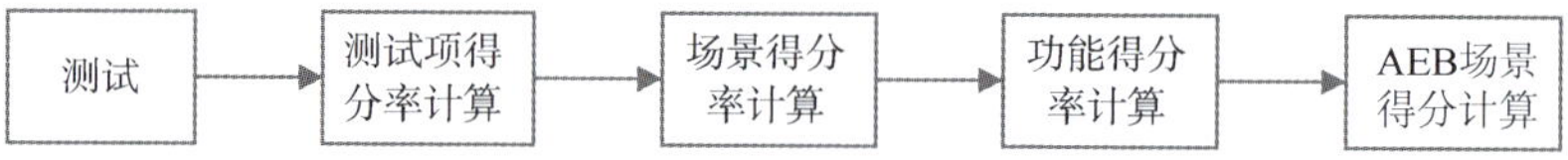

图 7-2-1 AEB CCR 场景得分计算过程

2. 行人自动紧急制动系统（AEB VRU_Ped）测试项目

（1）AEB VRU_Ped 系统各测试速度点项目权重和场景分值如表 7-2-3 所示。

表 7-2-3 AEB VRU_Ped 系统项目权重和场景分值

测试场景	测试类型	碰撞位置	测试速度/（km·h⁻¹）	项目权重	场景分值
CPNA 白天	AEB	75%	20	1	2
			30	2	
			40	2	
			50	2	
			60	1	
		25%	20	1	
			30	2	
			40	2	
			50	2	
			60	1	
CPFA 夜晚	AEB	75%	20	1	2
			30	1	
			40	2	
			50	2	
			60	1	
	AEB	25%	20	1	
			30	1	
			40	2	
			50	2	
			60	1	
CPFA 夜晚	AEB	25%	20	1	4
			30	1	
			40	2	
			50	3	
			60	2	
CPLA 白天	AEB	50%	20	1	1
			30	2	
			40	2	
			50	1	
			60	1	
	FCW	25%	50	1	
			60	1	
			70	1	
			80	1	

续表

测试场景	测试类型	碰撞位置	测试速度/（km·h⁻¹）	项目权重	场景分值
CPLA 夜晚	AEB	50%	20	1	1
			30	1	
			40	2	
			50	2	
			60	2	
	FCW	25%	50	2	
			60	2	
			70	1	
			80	1	

（2）AEB VRU_Ped 各测试场景得分率计算。

AEB VRU_Ped 测试在测试前需要进行预测试来判断测试车辆该功能是否有得分的能力，若无法通过，则整个场景得分为 0。预测试包含三个测试项，应用 CPNA-75 场景进行测试，测试项目如下：

① 从 10 km/h 进行测试，若可报警或制动，则可以继续进行，否则停止测试，判定得分为 0。

② 提高车速至 20 km/h 进行测试，从仪表界面等途径判断对于横向移动速度为3 km/h 的行人，主车辆接近测试目标时，系统是否会对测试车辆进行制动。

③ 车辆是否只有 FCW 报警功能，若是，则 AEB VRU_Ped 测试项目都不得分。

若测试车辆满足预测试要求，则继续进行测试。对于 AEB VRU_Ped 功能的测试，测试车辆速度小于 40 km/h 时，评分是基于各测试点相对速度的减少量进行计算的；测试车辆速度大于 40 km/h 时，是根据 AEB 功能对测试车辆速度的减少量是否大于 20 km/h 进行判断的。

对于完全避免碰撞的试验，该测试速度点得满分；对于测试车辆速度大于 40 km/h 的测试项，AEB 功能对速度的减少量≥20 km/h 时，该项得满分，速度减小量<20 km/h 时，得零分；对于测试车速小于 40 km/h 且没有完全避免碰撞发生的试验，使用线性插值的方法来计算对应的单个试验的得分率，计算过程中保留至小数点后三位，计算方法如下：

$$\text{各个测试项得分率}=\frac{(V_{\text{Start\_VUT}}-V_{\text{Start\_PTA}})-(V_{\text{Collision\_VUT}}-V_{\text{Collision\_PTA}})}{(V_{\text{Start\_VUT}}-V_{\text{Start\_PTA}})}$$

式中：$V_{\text{Start\_VUT}}$——试验开始时测试车辆的速度，单位为千米每小时（km/h）；

$V_{\text{Start\_PTA}}$——试验开始时目标车辆的速度，单位为千米每小时（km/h），CPFA 和 CPNA 场景下目标物纵向速度为 0 km/h，CPLA 场景下目标物纵向速度为 5 km/h；

$V_{\text{Collision\_VUT}}$——碰撞时刻测试车辆的速度，单位为千米每小时（km/h）；

$V_{\text{Collision\_GVT}}$——碰撞时刻目标车辆的速度，单位为千米每小时（km/h），CPFA 和 CPNA 场景下目标物纵向速度为 0 km/h，CPLA 场景目标物纵向速度为 5 km/h。

对于 FCW 测试场景则通过 TTC 时间是否大于 1.7 s 进行判断，是则给予该测试项满分，不是则不得分。

（3）AEB VRU_Ped 系统得分计算。

通过前面的计算能够得到 AEB CCR 系统各个测试项的得分率，之后根据各个测试项的得分率以及测试项对应的权重来计算 AEB 功能和 FCW 功能各场景的得分率，计算公式如下：

$$\text{功能得分率}=\frac{\sum \text{各项目权重}\times\text{各项目得分率}}{\text{该功能各项目权重之和}}$$

之后依据各场景得分率以及对应的场景权重占比，计算出 CPFA 白天、CPNA 白天、CPFA 夜晚、CPLA 白天和 CPLA 夜晚场景的得分率，计算公式如下：

$$\text{场景得分率}=\frac{\text{AEB 得分率}\times\text{AEB 权重分值}+\text{FCW 得分率}\times\text{FCW 权重分值}}{\text{该场景总权重}}$$

最后根据 CPFA 白天、CPNA 白天、CPFA 夜晚、CPLA 白天和 CPLA 夜晚场景的得分率及对应权重占比，计算得到 AEB VRU_Ped 系统的得分，计算公式如下：

$$\text{AEB VRU\_Ped 得分}=\sum \text{各测试场景得分率}\times\text{场景分值}$$

AEB VRU_Ped 场景得分计算过程如图 7-2-2 所示。需要注意，若测试车辆只有 AEB 功能而没有 FCW 功能，则 FCW 功能的测试按照 AEB 功能的测试方法进行；若测试车辆只有 FCW 功能，那么只进行 FCW 功能部分的测试，AEB 功能部分得分计为零。

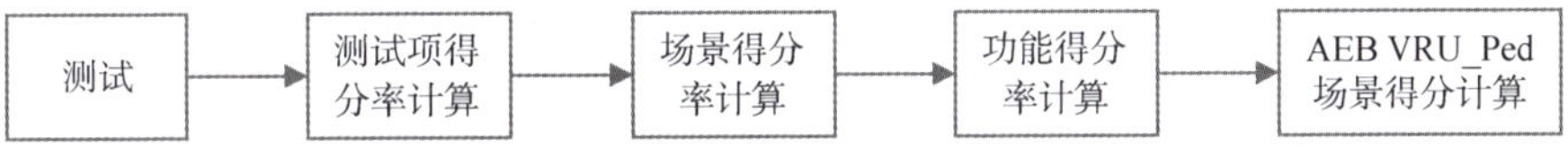

图 7-2-2　AEB VRU_Ped 场景得分计算过程

3. 二轮车自动紧急制动系统（AEB VRU_TW）

（1）AEB VRU_TW 系统各测试速度点项目权重和场景分值如表 7-2-4 所示。

表 7-2-4　AEB VRU_TW 系统各测试速度点项目权重和场景分值

测试场景	测试项目	碰撞位置	测试速度/（km·h^{-1}）	速度权重	场景分值
CBNA	AEB	50%	20	1	4
			30	2	
			40	2	
			50	1	
			60	1	
CSFA	AEB	50%	30	2	4
			40	2	
			50	1	
			60	1	

续表

测试场景	测试项目	碰撞位置	测试速度/（$km \cdot h^{-1}$）	速度权重	场景分值
CBLA	AEB	50%	20	1	3
			30	2	
			40	2	
			50	3	
			60	2	
	FCW	25%	30	3	
			40	2	
			50	1	
			60	1	

（2）AEB VRU_TW 各测试场景得分率计算。

对 AEB VRU_TW 功能的测试，测试车辆速度小于 40 km/h 时，评分是基于各测试点相对速度的减少量进行计算的；测试车辆速度大于 40 km/h 时，是根据 AEB 功能对测试车辆速度的减少量是否大于等于 20 km/h 进行判断的。

对于完全避免碰撞的试验，该测试速度点得满分；对于测试车辆速度大于 40 km/h 的测试项，AEB 功能对速度的减少量≥20 km/h 时，该项得满分，速度减小量<20 km/h 时，得零分；对于测试车速小于 40 km/h 且没有完全避免碰撞发生的试验，使用线性插值的方法来计算对应的单个试验的得分率，计算过程中保留至小数点后三位，计算方法如下：

$$\text{各个测试项得分率}=\frac{(V_{\text{Start\_VUT}}-V_{\text{Start\_BTA/STA}})-(V_{\text{Collision\_VUT}}-V_{\text{Collision\_BTA/STA}})}{(V_{\text{Start\_VUT}}-V_{\text{Start\_BTA/STA}})}$$

式中：$V_{\text{Start\_VUT}}$——试验开始时测试车辆的速度，单位为千米每小时（km/h）；

$V_{\text{Start\_BTA/STA}}$——试验开始时目标两轮车的速度，单位为千米每小时（km/h），CBNA 和 CSFA 场景下目标物纵向速度为 0 km/h，CBLA 场景下目标物纵向速度为 5 km/h；

$V_{\text{Collision\_VUT}}$——碰撞时刻测试车辆的速度，单位为千米每小时（km/h）；

$V_{\text{Collision\_BTA/STA}}$——碰撞时刻目标两轮车的速度，单位为千米每小时（km/h），CBNA 和 CSFA 场景下目标物纵向速度为 0 km/h，CBLA 场景下目标物纵向速度为 5 km/h。

对于 FCW 测试场景，则通过 TTC 时间是否大于 1.7 s 进行判断，是则给予该测试项满分，不是则不得分。

（3）AEB VRU_TW 系统得分计算。

通过前面的计算能够得到 AEB CCR 系统各个测试项的得分率，之后根据各个测试项的得分率以及测试项对应的权重来计算 AEB 功能和 FCW 功能各场景的得分率，计算公式如下：

$$\text{功能得分率}=\frac{\sum \text{各项目权重}\times\text{各项目得分率}}{\text{该功能各项目权重之和}}$$

之后依据各场景得分率以及对应的场景权重占比，计算出 CPFA 白天、CPNA 白天、

CPFA 夜晚、CPLA 白天和 CPLA 夜晚场景的得分率，计算公式如下：

$$\text{场景得分率}=\frac{\text{AEB 得分率}\times\text{AEB 权重分值}+\text{FCW 得分率}\times\text{FCW 权重分值}}{\text{该场景总权重}}$$

最后根据 CBNA-50 白天、CSFA-50 白天、CBLA-50 白天、CBLA-25 白天场景的得分率及对应权重占比，计算得到 AEB VRU_TW 系统的得分，计算公式如下：

$$\text{AEB VRU\_TW 得分}=\sum\text{各测试场景得分率}\times\text{场景分值}$$

AEB VRU_TW 场景得分计算过程如图 7-2-3 所示。需要注意，若测试车辆只有 AEB 功能而没有 FCW 功能，则 FCW 功能的测试按照 AEB 功能的测试方法进行；若测试车辆只有 FCW 功能，那么只进行 FCW 功能部分的测试，AEB 功能部分得分计为零。

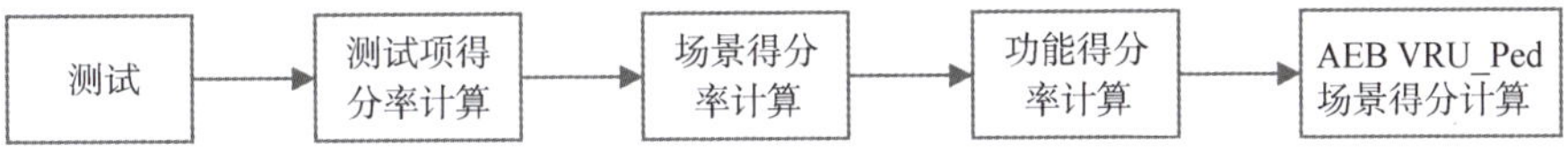

图 7-2-3　AEB VRU_TW 场景得分计算过程

4. 车道保持辅助系统 LKA 测试

（1）LKA 系统各测试速度点项目权重和场景分值如表 7-2-5 所示。

表 7-2-5　LKA 系统各测试速度点项目权重和场景分值

车道线类型	偏离方向	测试车速/(km·h^{-1})	偏离速度/(km·h^{-1})	权重	场景权重
实线	左侧	80	0.2	1	3
			0.3	1	
			0.4	1	
			0.5	1	
	右侧	80	0.2	1	
			0.3	1	
			0.4	1	
			0.5	1	
虚线	左侧	80	0.2	1	
			0.3	1	
			0.4	1	
			0.5	1	
	右侧	80	0.2	1	
			0.3	1	
			0.4	1	
			0.5	1	

（2）LKA 各测试场景得分计算。

对于 LKA 系统的测试，使用的评估标准是轮胎最外缘到车道线外侧的距离。测试车辆向车道的左侧（右侧）逐渐偏离，通过条件为轮胎最外缘不应超过车道线外侧 0.2 m。每个测试点按组进行试验，每组重复开展三次试验，三次试验均通过，则判定该测试点通过，即该测试项得分率为 100%，否则记为 0，且每个测试点最多开展两组试验。

（3）LKA 系统得分计算。

通过前面的判定能够得到 LKA 系统各个测试项的得分，之后根据各个测试项的得分率以及测试项对应的权重来计算 LKA 的得分，计算公式如下：

$$\text{LKA 系统得分}=\frac{\sum \text{各测试项目得分率}\times 1}{16}\times 3$$

假设某车型的 LKA 系统的 16 个测试项中有 12 项合格、4 项不合格，那么该车型的 LKA 系统得分为 2.25 分，具体计算过程为

$$\text{某车型 LKA 系统得分}=\frac{12\times 100\%+4\times 0\%}{16}\times 3=2.25$$

总结一下，LKA 场景得分计算过程如图 7-2-4 所示。

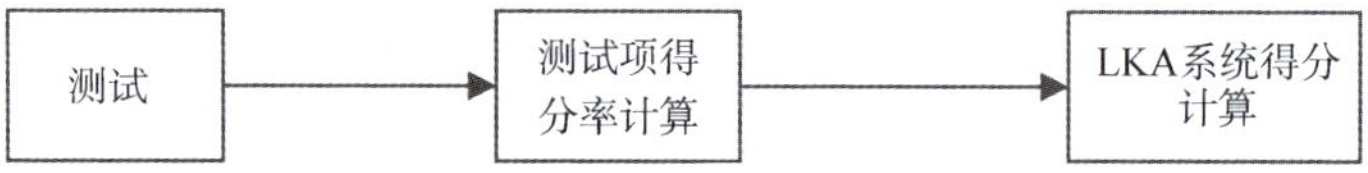

图 7-2-4 LKA 系统得分计算过程

5. HMI 车道保持辅助系统 LKA 测试

（1）HMI 测试包括 AEB CCR、AEB VRU_Ped 及 AEB VRU_TW，各测试项目权重以及分值如表 7-2-6 所示。

表 7-2-6 HMI 测试项目权重和场景分值

项目	评价项目	项目权重	分值
AEB CCR	关闭要求	2	2
	FCW 辅助报警要求	1	
	主动式安全带预警功能	1	
AEB VRU_Ped	关闭要求	2	2
	FCW 辅助报警要求	1	
AEB VRU_TW	关闭要求	—	2

（2）HMI 得分计算。

HMI 功能的最终得分与对应测试评价项目的项目得分率有关，若项目（例如 AEB CCR）得分率小于 60%，则此部分 HMI 测试评价得分公式如下：

$$\text{HMI 测试评价得分}=\text{HMI 所得分数}\times\text{相对应测试评价项目得分率}$$

若项目（例如 AEB CCR）得分率大于 60%，则此部分 HMI 测试评价得分公式如下：

$$\text{HMI 测试评价得分}=\text{HMI 所得分数}\times 100\%$$

二、主动安全板块得分权重以及得分计算

主动安全板块中包含 ADAS 模块以及整车灯光性能试验，整车灯光性能试验不属于智能

网联汽车技术，因此不进行详细解读，图 7-2-5 所示为近光灯整车性能测试。

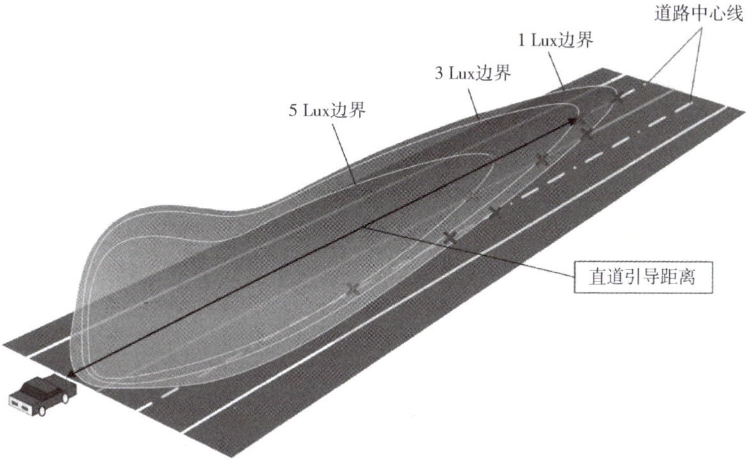

图 7-2-5　近光灯整车性能测试

ADAS 模块除了评价项以外，还有审核项以及可选审核项。C-NCAP 对于配置了 ESC 系统、LDW 系统、SAS 系统、BSD C2C 系统、BSD C2TW 系统的试验车辆，通过审核车辆生产企业提供的具备资质的第三方检测机构出具的关于此车型满足相关要求的性能测试报告并进行实车审查后，判定车辆上的 ESC 系统、LDW 系统、SAS 系统、BSD C2C 系统、BSD C2TW 系统是否具备所要求的性能，本书不对审核项以及可选审核项的测试报告如何审核进行讲述。主动安全板块审核项以及可选审核项分值如表 7-2-7 所示。

表 7-2-7　主动安全板块审核项以及可选审核项分值

项目类别	项目名称	项目分值
审核项	ESC	8
可选审核项	BSD-C2C	2
	BSD-C2TW	3
	SAS	2
	LDW	2
注：可选审核项最多可获得 7 分。		

对主动安全板块的最终得分率进行计算，计算公式如下：

主动安全部分得分率 = ADAS 实际得分/56×80%+灯光实际得分/10×20%

三、C-NCAP 车型综合得分

C-NCAP 按照乘员保护、行人保护和主动安全三个部分的综合得分率来进行星级评价。乘员保护、行人保护和主动安全三个部分按照试验项目分别计算各部分的得分率，再乘以三个部分各自的权重系数，求和后得到综合得分率，综合得分率计算公式如下：

综合得分率=乘员保护部分得分率×60%+行人保护部分得分率×15%+主动安全部分得分率×25%

最终星级除了要满足综合得分率要求外，还需同时满足乘员保护、行人保护和主动安全三个部分分别设定的最低得分率要求，如表 7-2-8 所示。如有不满足项，则按其得分率达到的最低星级进行最终星级评定。

表 7-2-8　C-NCAP 星级评定方法

星级	综合得分率	乘员保护 最低得分率	行人保护 最低得分率	主动安全 最低得分率
5+（★★★★★☆）	≥92%	≥95%	≥75%	≥85%
5（★★★★★）	≥83%且<92%	≥85%	≥65%	≥70%
4（★★★★）	≥74%且<83%	≥75%	≥50%	≥60%
3（★★★）	≥65%且<74%	≥65%	—	—
2（★★）	≥45%且<65%	≥60%	—	—
1（★）	<45%	<60%	—	—

例如某车型在 2022 年进行了 C-NCAP 测试并在官网对测试结果进行公示，图 7-2-6 所示为该车型 C-NCAP 综合得分率以及主动安全板块得分官网公示结果，图 7-2-7 所示为该车型主动安全模块各项目得分官网公示结果。

图 7-2-6　某车型 C-NCAP 综合得分率以及主动安全板块得分官网公示结果

主动安全

评价车辆主动避免碰撞事故或减轻碰撞事故严重程度的功能设计

项目		满分	试验得分	权重	权重得分
ADAS	AEB(含HMI)	38	36.952	80%	43.962
	LKA	3	3		
	LDW	2	2		
	BSD	5	5		
	SAS	2	2		
	ESC	8	8		
整车灯光性能		10	7.437	20%	1.487

图 7-2-7　某车型主动安全模块各项目得分官网公示结果

四、应用 Excel 提高测试结果评价工作效率

通过对 C-NCAP 管理规程的理解，可以应用 Excel 对得分率以及得分进行计算，以提高工作效率，同时构建测试评价表格后可以应用在当前版本管理规定下的所有测试工作中。下面对主要能够应用的 Excel 函数进行介绍。

1）Round 函数

在 Excel 中，ROUND 函数是一种常用的数学函数，它可以帮助用户对数字进行四舍五入运算。ROUND 函数可以将一个数字按照指定的小数位数进行舍入，从而实现精确控制数字的显示和计算。

ROUND 函数的语法：“=ROUND（number，num_digits）”

其中，number——要进行舍入的数字，可以是单个数字、单元格引用或其他包含数字的表达式；

num_digits——要保留的小数位数，可以是正数、负数或零。

ROUND 函数的使用非常灵活，下面将介绍该函数的功能、在 C-CNAP 评价中的应用以及一些示例。首先，ROUND 函数可以帮助用户对数字进行四舍五入。例如在得分率以及得分的计算中，根据管理规程要求得分率的计算结果四舍五入并保留小数点后三位，可以使用 ROUND 函数来完成。只需输入“=ROUND（A1/B1，3）”，其中 A1 是测试得分，B1 是该项目总分，3 表示要保留的小数位数，函数将返回四舍五入后的结果。

除了上述应用场景，ROUND 函数还可以与其他函数结合使用，实现更复杂的数值处理。例如，可以将 ROUND 函数与 IF 函数结合使用，在满足某个条件的情况下对数字进行舍入。这种灵活性使 ROUND 函数成为 Excel 中不可或缺的工具之一。

需要注意的是，ROUND 函数的舍入方式是基于四舍五入规则。如果要使用其他舍入方式，则可以使用其他类似的函数，如 ROUNDDOWN 和 ROUNDUP 等。

ROUND 函数是 Excel 中一个非常实用的数学函数，它可以帮助用户对数字进行四舍五入运算。无论是进行精确计算、数据展示还是进行复杂的数值处理，ROUND 函数都能提供很大的便利。掌握 ROUND 函数的使用方法，将使你在 Excel 中的数值操作更加高效和准确。

2）IF 函数

Excel 中的 IF 函数是一种非常有用的逻辑函数，它可以根据指定的条件返回不同的结果。IF 函数的语法如下：

=IF（条件，结果为真时的值，结果为假时的值）

首先，我们来了解一下条件部分。条件可以是任何逻辑表达式，例如比较两个值是否相等及大小关系等。常见的比较运算符包括等于（=）、大于（>）、小于（<）、大于等于（>=）、小于等于（<=）和不等于（<>）。当条件为真时，IF 函数将返回结果为真时的值；当条件为假时，IF 函数将返回结果为假时的值。

接下来，让我们看一个简单的例子来理解 IF 函数的用法。

假设我们有一列学生成绩，现在要根据成绩是否及格来判断并输出相应的提示信息。我们可以使用 IF 函数来完成这个任务。例如在 AEB VRU_TW 场景的 FCW 测试中，得分率是由 TTC 值是否大于 1.7 s 来判断的，大于 1.7 s 则为 100%得分率，小于 1.7 s 则为 0%得分

率，因此设计以下公式进行计算：

“=IF(TTC 值>=1.7,"100.000%","0.000%")”

这个公式的意思是，如果 TTC 值大于 1.7，则返回 100.000%；否则返回 0.000%。

通过拖动该列的填充手柄，我们可以快速地将公式应用到其他单元格中。除了简单的判断条件外，IF 函数还可以与其他函数一起使用，实现更复杂的逻辑运算。例如，我们可以使用 AND 函数和 OR 函数来组合多个条件。AND 函数用于判断多个条件是否同时为真，只有当所有条件都为真时，才返回真；否则返回假。OR 函数用于判断多个条件中是否至少有一个为真，只要有一个条件为真，就返回真；否则返回假。这样，我们可以根据多个条件来进行复杂的判断和计算。

另外，IF 函数还可以嵌套使用，也就是在 IF 函数的结果部分再次使用 IF 函数。这样可以根据不同的条件返回不同的结果。例如，在 CCRs 场景 FCW 功能的得分率计算中就可以使用以下嵌套的公式来计算：

“=IF("TTC 是否小于 4s"="否",0,IF(碰撞速度="",0,Round((测试车辆速度-IF(碰撞速度>测试车辆速度,测试车辆速度,碰撞速度))/测试车辆速度,3)))”

这个公式的意思是，如果 TTC 大于 4 s，则得分率为 0；如果 TTC 小于 4 s 且碰撞速度小于测试车辆速度，则用测试车辆速度与碰撞速度的差值除以测试车辆速度，最后对得分率四舍五入且保留小数点后三位。

任务实施

一、车辆先进辅助驾驶系统信息工单填写

在测试与评价之前要对测试车辆的信息进行整理与填写，具体工单内容如表 7-2-9 所示。

表 7-2-9　车辆先进辅助驾驶系统信息工单

一、ADAS 试验基本参数表	
参数	测试车辆情况
车辆型号	
车辆类型	
样车 VIN 号	
整车整备质量及轴荷/kg	
整车最大总质量及轴荷/kg	
外观尺寸（长×宽×高）/mm	
轴数	
轴距/mm	
轮距/mm	
前、后悬/mm	
最大设计车速/($km \cdot h^{-1}$)	
轮胎型号	
轮胎气压/kPa	
质心三坐标（x、y、z）	

续表

参数	测试车辆情况
质心高度（空载/满载）/mm	
变速器类型	
行车制动助力方式	
制动力调节方式	
行车制动系型式	
激光雷达数量、型号及生产厂	
毫米波雷达数量、型号及生产厂	
其他雷达数量、型号及生产厂	
摄像头数量，型号及生产厂	
红外传感器数量，型号及生产厂	
AEB ECU 型号及其生产厂	
LKA ECU 型号及其生产厂	
A、*B*、*C* 值/mm	

注：车宽左右各除去 $D=50$ mm 后，车头轮廓 6 等分划分，测量车头中点与各等分点纵向距离值 *A*、*B* 和 *C*，如图 7-2-8所示。

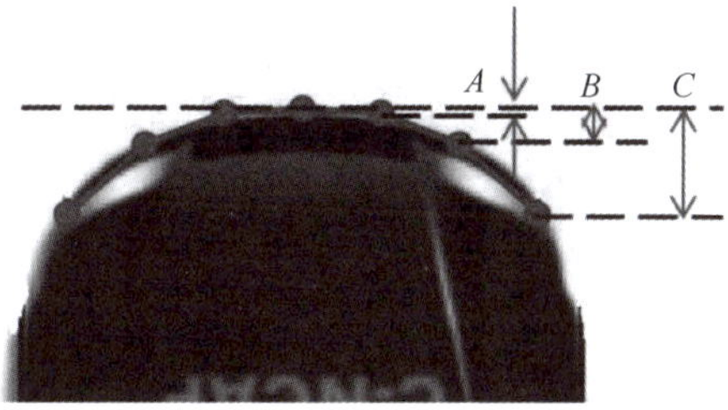

图 7-2-8　*A*、*B*、*C* 的测量

根据测试车辆实际情况填写 AEB CCR 系统信息

二、车辆 AEB CCR 信息（打√或填写）

1. AEB 类型：□AEB+FCW　□AEB　□FCW。
2. AEB CCR 实现技术：□毫米波雷达　□激光雷达　□单目摄像头　□双目摄像头　□毫米波雷达+摄像头融合　□其他__________。
3. 车辆起动，AEB CCR 功能默认“ON”：□是　□否。
4. AEB CCR 功能是否可以通过单一按键的一次操作关闭：□是　□否。
5. AEB CCR 系统有无 DBS（动态制动力辅助系统)：□有　□无。
6. 报警信号种类：□声学　□光学　□触觉，其中声学报警信号的频率________ Hz。
7. 除基本的声光报警要求以外，FCW 具备其他形式报警（抬头显示、安全带振动、点刹或其他触觉形式的报警)：________。
8. 系统有无主动式安全带预紧功能：□有　□无。
9. 系统工作速度范围。

AEB 工作范围：

AEB 作用下限速度（系统工作最低速度）CCRs：________ km/h，CCRm：________ km/h。

续表

根据测试车辆实际情况填写 AEB CCR 系统信息
AEB 作用上限速度（系统工作最高速度）CCRs：________ km/h，CCRm：________ km/h。 FCW 工作范围： FCW 作用下限速度（系统工作最低速度）CCRs：________ km/h，CCRm：________ km/h。 FCW 作用上限速度（系统工作最高速度）CCRs：________ km/h，CCRm：________ km/h。 10. FCW 制动特性曲线：D_4 =________ mm，F_4 =________ N，制动速率=________ mm/s
根据测试车辆实际情况填写 AEB CCR 系统信息
三、测试车辆 AEB VRU 系统信息 1. 是否有 FCW：□ 是□ 否。 2. AEB VRU 实现技术：□毫米波雷达 □激光雷达 □单目摄像头 □双目摄像头。 □毫米波雷达+摄像头融合 □夜间红外传感器 □其他________ 。 3. CPNA-75 场景下，AEB VRU_Ped 系统应能从 10 km/h 的车速开始工作（报警或制动）：□ 是 □ 否。 4. CPNA-75 场景下，行人速度 3 km/h，车速 20 km/h，AEB VRU_Ped 系统对车速有减免作用：□ 是 □ 否。 5. AEB VRU 功能是否可以通过单一按键的一次操作关闭：□ 是 □ 否。 6. CPFA-75 场景下，45 km/h 的速度，报警时刻 TTC≥1.2 s：□ 是 □ 否。 7. 报警信号种类：□声学 □光学 □触觉，其中声学报警信号的频率________ Hz。 8. AEB VRU_Ped 工作范围： AEB VRU_Ped 系统工作最低速度：CPNA-25：________ km/h，CPNA-75：________ km/h，CPFA-25：________ km/h，CPFA-50：________ km/h。 AEB VRU_Ped 系统工作最高速度：CPNA-25：________ km/h，CPNA-75：________ km/h，CPFA-25：________ km/h，CPFA-50：________ km/h。 9. AEB VRU_TW 工作范围： AEB VRU_TW 系统工作最低速度：CBNA-50：________ km/h，CSFA-50：________ km/h，CBLA-25：________ km/h，CBLA-50：________ km/h。 AEB VRU_TW 系统工作最高速度：CBNA-50：________ km/h，CSFA-50：________ km/h，CBLA-25：________ km/h，CBLA-50：________ km/h。
根据测试车辆实际情况填写 LKA 系统信息
四、LKA 系统信息 1. 是否有车道居中功能：□是 □否。 2. LKA 功能是否可以通过单一按键的一次操作关闭：□是 □否。 3. 工作范围： LKA 系统工作最低速度：________ km/h。 LKA 系统工作最高速度：________ km/h。

二、填写测试情况结果工单计算得分率

根据 C-NCAP 测试规程的测试项目要求进行对应的先进辅助驾驶系统测试，并在测试后对测试结果进行登记，同时根据主动安全部分得分率计算公式计算各个测试项得分率，填写工单，表 7-2-10 所示为 AEB CCR 测试结果工单，表 7-2-11 所示为 AEB VUR_Ped 测试结果工单，表 7-2-12 所示为 AEB VRU_TW测试结果工单，表 7-2-13 所示为 LKA 测试结果工单。

表 7-2-10　AEB CCR 测试结果

CCRs						
测试场景	测试类型	测试速度/(km·h^{-1})	偏置率/%	碰撞速度/(km·h^{-1})	项目权重	得分率
CCRs(前车静止)	AEB	20	-50		2	
		20	100		2	
		30	+50		2	
		30	100		2	
		40	-50		3	
		40	100		3	
	FCW	50	+50		1	
		50	100		1	
		60	-50		3	
		60	100		3	
		70	+50		1	
		70	100		1	
		80	-50		2	
		80	100		2	
CCRs 得分率						
测试场景	测试类型	测试速度/(km·h^{-1})	偏置率/%	碰撞速度/(km·h^{-1})	项目权重	得分率
CCRm(前车慢行)	AEB	30	+50		2	
		30	100		2	
		40	-50		2	
		40	100		2	
		50	+50		4	
		50	100		4	
	FCW	60	-50		2	
		60	100		2	
		70	+50		3	
		70	100		3	
		80	-50		3	
		80	100		3	
CCRm 得分率						

表 7-2-11　AEB VRU_Ped 测试结果

CPFA-25 白天			
测试速度/(km · h^{-1})	碰撞速度/(km · h^{-1})	速度权重	得分率/%
20		1	
30		2	
40		2	
50		2	
60		1	
CPFA-25 白天得分率			
CPFA-50 白天			
测试速度/(km · h^{-1})	碰撞速度/(km · h^{-1})	速度权重	得分率/%
20		1	
30		2	
40		2	
50		2	
60		1	
CPFA-50 白天得分率			
CPNA-25 白天			
测试速度/(km · h^{-1})	碰撞速度/(km · h^{-1})	速度权重	得分率/%
20		1	
30		2	
40		2	
50		2	
60		1	
CPNA-25 白天得分率			
CPNA-75 白天			
测试速度/(km · h^{-1})	碰撞速度/(km · h^{-1})	速度权重	得分率/%
20		1	
30		2	
40		2	
50		2	
60		1	
CPNA-75 白天得分率			

续表

<table>
<tr><td colspan="12">CPFA-25 夜晚</td></tr>
<tr><td colspan="3">测试速度/(km · h^{-1})</td><td colspan="3">碰撞速度/(km · h^{-1})</td><td colspan="3">速度权重</td><td colspan="3">得分率/%</td></tr>
<tr><td colspan="3">20</td><td colspan="3"></td><td colspan="3">1</td><td colspan="3"></td></tr>
<tr><td colspan="3">30</td><td colspan="3"></td><td colspan="3">2</td><td colspan="3"></td></tr>
<tr><td colspan="3">40</td><td colspan="3"></td><td colspan="3">2</td><td colspan="3"></td></tr>
<tr><td colspan="3">50</td><td colspan="3"></td><td colspan="3">2</td><td colspan="3"></td></tr>
<tr><td colspan="3">60</td><td colspan="3"></td><td colspan="3">1</td><td colspan="3"></td></tr>
<tr><td colspan="9">CPFA-25 夜晚得分率</td><td colspan="3"></td></tr>
<tr><td colspan="12">CPLA 白天</td></tr>
<tr><td colspan="2">测试类型</td><td colspan="2">碰撞位置</td><td colspan="2">测试速度/(km · h^{-1})</td><td colspan="2">碰撞速度/(km · h^{-1})</td><td colspan="2">速度权重</td><td colspan="2">得分率/%</td></tr>
<tr><td colspan="2" rowspan="5">AEB</td><td colspan="2" rowspan="5">50%</td><td colspan="2">20</td><td colspan="2"></td><td colspan="2">1</td><td colspan="2"></td></tr>
<tr><td colspan="2">30</td><td colspan="2"></td><td colspan="2">2</td><td colspan="2"></td></tr>
<tr><td colspan="2">40</td><td colspan="2"></td><td colspan="2">2</td><td colspan="2"></td></tr>
<tr><td colspan="2">50</td><td colspan="2"></td><td colspan="2">1</td><td colspan="2"></td></tr>
<tr><td colspan="2">60</td><td colspan="2"></td><td colspan="2">1</td><td colspan="2"></td></tr>
<tr><td colspan="2">测试类型</td><td colspan="2">碰撞位置</td><td colspan="2">测试速度/(km · h^{-1})</td><td colspan="2">碰撞时间（TTC）</td><td colspan="2">速度权重</td><td colspan="2">得分率/%</td></tr>
<tr><td colspan="2" rowspan="4">FCW</td><td colspan="2" rowspan="4">25%</td><td colspan="2">50</td><td colspan="2"></td><td colspan="2">1</td><td colspan="2"></td></tr>
<tr><td colspan="2">60</td><td colspan="2"></td><td colspan="2">1</td><td colspan="2"></td></tr>
<tr><td colspan="2">70</td><td colspan="2"></td><td colspan="2">1</td><td colspan="2"></td></tr>
<tr><td colspan="2">80</td><td colspan="2"></td><td colspan="2">1</td><td colspan="2"></td></tr>
<tr><td colspan="10">CPLA 白天得分率</td><td colspan="2"></td></tr>
<tr><td colspan="12">CPLA 夜晚</td></tr>
<tr><td colspan="2">测试类型</td><td colspan="2">碰撞位置</td><td colspan="2">测试速度/(km · h^{-1})</td><td colspan="2">碰撞速度/(km · h^{-1})</td><td colspan="2">速度权重</td><td colspan="2">得分率/%</td></tr>
<tr><td colspan="2" rowspan="5">AEB</td><td colspan="2" rowspan="5">50%</td><td colspan="2">20</td><td colspan="2"></td><td colspan="2">1</td><td colspan="2"></td></tr>
<tr><td colspan="2">30</td><td colspan="2"></td><td colspan="2">1</td><td colspan="2"></td></tr>
<tr><td colspan="2">40</td><td colspan="2"></td><td colspan="2">2</td><td colspan="2"></td></tr>
<tr><td colspan="2">50</td><td colspan="2"></td><td colspan="2">2</td><td colspan="2"></td></tr>
<tr><td colspan="2">60</td><td colspan="2"></td><td colspan="2">2</td><td colspan="2"></td></tr>
<tr><td colspan="2">测试类型</td><td colspan="2">碰撞位置</td><td colspan="2">测试速度/(km · h^{-1})</td><td colspan="2">碰撞时间（TTC）</td><td colspan="2">速度权重</td><td colspan="2">得分率/%</td></tr>
<tr><td colspan="2" rowspan="4">FCW</td><td colspan="2" rowspan="4">25%</td><td colspan="2">50</td><td colspan="2"></td><td colspan="2">2</td><td colspan="2"></td></tr>
<tr><td colspan="2">60</td><td colspan="2"></td><td colspan="2">2</td><td colspan="2"></td></tr>
<tr><td colspan="2">70</td><td colspan="2"></td><td colspan="2">1</td><td colspan="2"></td></tr>
<tr><td colspan="2">80</td><td colspan="2"></td><td colspan="2">1</td><td colspan="2"></td></tr>
<tr><td colspan="10">CPLA 夜晚得分率</td><td colspan="2"></td></tr>
</table>

表 7-2-12　AEB VRU_TW 测试结果

CBNA-50			
测试速度/(km·h^{-1})	碰撞速度/(km·h^{-1})	速度权重	得分率/%
20		1	
30		1	
40		2	
50		2	
60		2	
CBNA-50 得分率			

CSFA-50			
测试速度/(km·h^{-1})	碰撞速度/(km·h^{-1})	速度权重	得分率/%
20		1	
30		1	
40		2	
50		2	
60		2	
CBNA-50 得分率			

CBLA					
测试类型	碰撞位置	测试速度/(km·h^{-1})	碰撞速度/(km·h^{-1})	速度权重	得分率/%
AEB	50%	20		1	
		30		2	
		40		2	
		50		3	
		60		2	
测试类型	碰撞位置	测试速度/(km·h^{-1})	碰撞速度/(km·h^{-1})	速度权重	得分率/%
FCW	25%	50		1	
		60		2	
		70		2	
		80		3	
CBLA 得分率					

表 7-2-13 LKA 系统测试结果

车道线类型	偏离方向	测试车速/（km·h⁻¹）	偏离速度/（km·h⁻¹）	速度点权重	是否通过
实线	左侧	80	0.2	1	
			0.3	1	
			0.4	1	
			0.5	1	
	右侧	80	0.2	1	
			0.3	1	
			0.4	1	
			0.5	1	
虚线	左侧	80	0.2	1	
			0.3	1	
			0.4	1	
			0.5	1	
	左侧	80	0.2	1	
			0.3	1	
			0.4	1	
			0.5	1	
LKA 得分率					

三、主动安全板块的最终评价结果

根据主动安全板块各场景分数汇总得出 ADAS 项目类型，可选审核项（最高 7 分）以及灯光项目可由指导老师向学生发布分值，用以计算最终成绩。

主动安全板块得分率见表 7-2-14。

表 7-2-14 主动安全板块得分率

项目类别	项目名称		分值	测试分值
ADAS	试验项	AEB CCR	11	
		AEB VRU_Ped	10	
		AEBVRU_TW	11	
		LKA	3	
		HMI	6	
	审核项目	ESC	8	
	可选审核项（最高 7 分）	BSD（车对车）	2	
		BSD（车对二轮车）	3	
		SAS	2	
		LDW	2	
灯光	—	—	10	
主动安全板块得分率				

对主动安全板块的最终得分率进行计算，计算公式如下：

主动安全部分得分率=ADAS 实际得分/56×80%+灯光实际得分/10×20%

任务评价与思考

任课教师可模拟测试结果进行发布，由学生分组设置 C-NCAP 主动安全板块电子评价表，要求所有得分以及得分率都通过 Excel 的公式功能来计算，考察学生的 ADAS 项目、各场景项目得分率进行计算，并最终计算主动安全模块成绩。

除了 C-NCAP 外，国内还有其他的测试评价体系，例如 I-Vista、C-IASI 等，同学们思考一下能不能通过 I-Vista 智能行车指数行车辅助系统评价规程（见附录三）、C-IASI 车辆辅助安全指数—车对车紧急制动系统评价规程（见附录四）对主动安全模块进行评价。

附　　录

附　录　一

附　录　二

附 录 三

IVISTA

中 国 智 能 汽 车 指 数

编号：IVISTA-SM-ICI. CA-RP-A0-2023

智能行车指数行车辅助系统评价规程

Intelligent Cruise Index
Cruise Assist System Rating Protocol

（2023 版）

中 国 汽 车 工 程 研 究 院 股 份 有 限 公 司　　发 布

目　　次

行车辅助系统评价规程

1 范围

本文件规定了 IVISTA 中国智能汽车指数-智能行车指数-行车辅助系统的评价方法。

2 规范性引用文件

下列文件中的内容通过文中的规范性引用而构成本文件必不可少的条款。其中，注日期的引用文件，仅该日期对应的版本适用于本文件；不注日期的引用文件，其最新版本（包括所有的修改单）适用于本文件。

GB 5768.2—2022 道路交通标志和标线 第二部分：道路交通标志

GB 5768.3—2009 道路交通标志和标线 第三部分：道路交通标线

GB 5768.5—2017 道路交通标志和标线 第五部分：限制速度

GB 23826—2009 高速公路 LED 可变限速标志

GB/T 15089 机动车辆及挂车分类

GB/T 18385—2005 电动汽车 动力性能 试验方法

GB/T 20608—2006 智能运输系统 自适应巡航控制系统 性能要求及检测方法

GB/T 39263—2020 道路车辆 先进驾驶辅助系统（ADAS）术语及定义

GB/T 40429—2021 汽车驾驶自动化分级

ISO 11270 Intelligent transport systems-Lane keeping assistance systems（LKAS）-Performance requirements and test procedures

ISO 15622 Intelligent transport systems-Adaptive cruise control systems-Performance requirements and test procedures

ISO NP 21717 Intelligent transport systems-Partially Automated In-Lane Driving Systems（PADS）-Performance requirements and test procedures

ISO 22179 Intelligent transport systems-Full speed range adaptive cruise control（FSRA）systems-Performance requirements and test procedures

3 评价方法

3.1 概述

行车辅助系统试验总分 40 分，包括目标车静止、目标车低速、目标车减速、目标车切出、直道入弯、换道辅助、限速标志响应 7 个试验场景，以及关联功能评价和用户手册审查，如表 1 所示。

表 1　行车辅助总体评分表

<table>
<tr><th>项目</th><th colspan="2">试验场景</th><th>评价指标</th><th>得分</th><th>总分</th></tr>
<tr><td rowspan="11">场景试验</td><td colspan="2">目标车静止</td><td>刹停并避撞，纵向减速度及纵向减速度变化率</td><td>8</td><td rowspan="11">37</td></tr>
<tr><td colspan="2">目标车低速</td><td>制动并跟行，纵向减速度及纵向减速度变化率</td><td>10</td></tr>
<tr><td colspan="2">目标车减速</td><td>制动并跟停，纵向减速度及纵向减速度变化率</td><td>3</td></tr>
<tr><td rowspan="2">目标车切出</td><td>TV2 静止</td><td>刹停并避撞，是否触发 AEB 功能</td><td rowspan="2">4</td></tr>
<tr><td>TV2 慢行</td><td>制动并跟行，是否触发 AEB 功能</td></tr>
<tr><td rowspan="2">直道入弯</td><td>弯道中无车</td><td>弯道车道内行驶，侧向加速度</td><td>3</td></tr>
<tr><td>弯道中有车</td><td>刹停并避撞，侧向加速度、纵向减速度、纵向减速度变化率</td><td>4</td></tr>
<tr><td rowspan="2">换道辅助</td><td>盲区无车</td><td>正确换道，侧向加速度、侧向加速度变化率</td><td>1</td></tr>
<tr><td>盲区有车</td><td>抑制换道或避让目标车后换道，侧向加速度、侧向加速度变化率</td><td>2</td></tr>
<tr><td colspan="2">限速标志响应</td><td>准确识别限速标志信息，发出超速告警</td><td>2</td></tr>
<tr><td rowspan="3">关联功能评价</td><td colspan="2">抬头显示</td><td>将行车辅助功能相关信息显示在驾驶员正常驾驶时的视野范围内，使驾驶员不必低头就可以看到</td><td>0.5</td><td rowspan="3">2</td></tr>
<tr><td colspan="2">V2X</td><td>实现车车通信或车与基础设施之间通信功能</td><td>0.5</td></tr>
<tr><td colspan="2">驾驶员监控</td><td>实现对驾驶员状态实时监控，并在驾驶员处于疲劳驾驶、驾驶分心、危险动作等状态时实时提醒</td><td>1</td></tr>
<tr><td colspan="3">用户手册审察</td><td>内容明确、完整、无歧义</td><td>1</td><td>1</td></tr>
</table>

3.2　试验场景评分

目标车静止、目标车低速、目标车减速、目标车切出、直道入弯、换道辅助、限速标志响应 7 个场景的具体评分细则如表 2 所示。

表 2　场景试验评分细则

<table>
<tr><th rowspan="2">测试场景</th><th rowspan="2">自车速度/(km·h⁻¹)</th><th rowspan="2">TV1 车速/(km·h⁻¹)</th><th rowspan="2">TV2 车速/(km·h⁻¹)</th><th colspan="2">评价指标</th><th colspan="3">分值</th><th rowspan="2">场景部分</th></tr>
<tr><th>安全指标</th><th>体验指标</th><th>安全</th><th>体验</th><th>合计</th></tr>
<tr><td rowspan="3">目标车静止</td><td>60</td><td rowspan="3">0</td><td rowspan="3">—</td><td rowspan="3">刹停并避撞</td><td rowspan="3">纵向减速度
纵向减速度变化率</td><td>1</td><td>2</td><td>3</td><td rowspan="3">8</td></tr>
<tr><td>80</td><td>1</td><td>2</td><td>3</td></tr>
<tr><td>100</td><td>1</td><td>1</td><td>2</td></tr>
<tr><td rowspan="4">目标车低速</td><td>90</td><td rowspan="4">30</td><td rowspan="4">—</td><td rowspan="4">制动并跟行</td><td rowspan="4">纵向减速度
纵向减速度变化率</td><td>1</td><td>2</td><td>3</td><td rowspan="4">10</td></tr>
<tr><td>100</td><td>1</td><td>2</td><td>3</td></tr>
<tr><td>110</td><td>1</td><td>1</td><td>2</td></tr>
<tr><td>120</td><td>1</td><td>1</td><td>2</td></tr>
</table>

续表

测试场景		自车速度/(km·h^{-1})	TV1 车速/(km·h^{-1})	TV2 车速/(km·h^{-1})	评价指标：安全指标	评价指标：体验指标	分值：安全	分值：体验	分值：合计	场景部分
目标车减速		120	70(−3 m/s^2)	—	制动并跟停	纵向减速度 纵向减速度变化率	0.5	1	1.5	3
		120	70(−4 m/s^2)	—			0.5	1	1.5	
目标车切出	TV2 静止	40	40	0	刹停并避撞	是否触发 AEB 功能	0.5	0.5	1	4
		60	60	0			0.5	0.5	1	
	TV2 慢行	40	40	15	制动并跟行	是否触发 AEB 功能	0.5	0.5	1	
		60	60	10			0.5	0.5	1	
直道入弯	弯道中无车	100	—	—	弯道车道内行驶	侧向加速度	0.5	0.5	1	7
		110	—	—			0.5	0.5	1	
		120	—	—			0.5	0.5	1	
	弯道中有车	60	0	—	刹停并避撞	侧向加速度 纵向减速度 纵向减速度变化率	0.5	1.5	2	
		80	0	—			0.5	1.5	2	
换道辅助	盲区无车	90	—	—	正确换道	侧向加速度 侧向加速度变化率	0.5	0.5	1	3
	盲区有车	90	90	—	抑制换道并报警	—	2	—	2	
					避让目标车后变道	侧向加速度 侧向加速度变化率	1	1	2	
限速标志响应		90	—	—	准确识别限速标识信息发出超速报警	—	2	—	2	2

3.2.1 目标车静止场景评分

目标车静止场景分别对安全指标和体验指标进行评价，满分为 8 分，具体评分方法详见表 3。

（1）安全指标为自车是否能够识别静止目标车辆，是否刹停并避撞。若自车与目标车发生碰撞，则对应试验工况得 0 分。

（2）体验指标为自车纵向减速度及纵向减速度变化率。

表 3 目标车静止场景评分表

评价指标	工况 得分 评分维度	60 km/h	80 km/h	100 km/h	评价指标	得分率	备注
		3	3	2			
安全指标	碰撞风险	1	1	1	自车识别目标并刹停避撞，且未触发 AEB	100%	—
					自车识别目标并刹停避撞，触发 AEB	60%	出现此类情况，体验指标得 0 分
					自车识别目标，减速制动后碰撞目标	0	
					TTC=2.5 s 时，自车仍未减速，驾驶员主动偏离	0	

续表

评价指标	工况 / 得分 / 评分维度	60 km/h	80 km/h	100 km/h	评价指标		得分率	备注
		3	3	2				
体验指标	纵向减速度	1	1	0.5	自车纵向减速度和速度关系曲线	没有任何一点超出 C1 限值要求	100%	—
						有任何一点超出 C1 限值要求	0	—
	纵向减速度变化率	1	1	0.5	自车纵向减速度变化率和速度关系曲线	没有任何一点超出 C2 限值要求	100%	—
						有任何一点超出 C2 限值要求	0	—

注 1：触发 AEB 指的是最大减速度超过 6 m/s^2；

注 2：C1、C2 的定义详见附录 A。

3.2.2 目标车低速场景评分

目标车低速场景分别对安全指标和体验指标进行评价，满分为 10 分，具体评分方法详见表 4。

（1）安全指标为自车是否能够识别低速目标车辆，是否制动并跟行。若自车与目标车发生碰撞，则对应试验工况得 0 分。

（2）体验指标为自车纵向减速度及纵向减速度变化率。

表 4　目标车低速场景评分表

评价指标	工况 / 得分 / 评分维度	90 km/h	100 km/h	110 km/h	120 km/h	评价指标		得分率	备注
		3	3	2	2				
安全指标	碰撞风险	1	1	1	1	自车识别目标，制动并跟行，且未触发 AEB		100%	—
						自车识别目标，制动并跟行，触发 AEB		60%	出现此类情况，体验指标得 0 分
						自车识别目标，减速制动后碰撞目标		0	
						TTC = 2.5 s 时，自车仍未减速，驾驶员主动偏离		0	
体验指标	纵向减速度	1	1	0.5	0.5	自车纵向减速度和速度关系曲线	没有任何一点超出 C1 限值要求	100%	—
							有任何一点超出 C1 限值要求	0	—
	纵向减速度变化率	1	1	0.5	0.5	自车纵向减速度变化率和速度关系曲线	没有任何一点超出 C2 限值要求	100%	—
							有任何一点超出 C2 限值要求	0	—

注 1：触发 AEB 指的是最大减速度超过 6 m/s^2；

注 2：C1、C2 的定义详见附录 A。

3.2.3 目标车减速场景评分

目标车减速场景分别对安全指标和体验指标进行评价，满分为 3 分，目标车低速场景分值详见表 5。

(1) 安全指标为自车是否能够识别减速目标车辆，是否制动并跟停。若自车与目标车发生碰撞，则对 应试验工况得 0 分；

(2) 体验指标为自车纵向减速度与纵向减速度变化率。

表 5　目标车减速场景评分表

<table>
<tr><td rowspan="2">评价指标</td><td rowspan="2">工况
得分
评分维度</td><td>−3 m/s²</td><td>−4 m/s²</td><td rowspan="2" colspan="2">评价指标</td><td rowspan="2">得分率</td><td rowspan="2">备注</td></tr>
<tr><td>1.5</td><td>1.5</td></tr>
<tr><td rowspan="4">安全指标</td><td rowspan="4">碰撞风险</td><td rowspan="4">0.5</td><td rowspan="4">0.5</td><td colspan="2">自车识别目标并自动跟停，且未触发 AEB</td><td>100%</td><td>—</td></tr>
<tr><td colspan="2">自车识别目标并自动跟停，触发 AEB</td><td>60%</td><td rowspan="3">出现此类情况，体验指标得 0 分</td></tr>
<tr><td colspan="2">自车识别目标，减速制动后碰撞目标</td><td>0</td></tr>
<tr><td colspan="2">TTC＝2.5 s 时，自车仍未减速，驾驶员主动偏离</td><td>0</td></tr>
<tr><td rowspan="4">体验指标</td><td rowspan="2">纵向减速度</td><td rowspan="2">0.5</td><td rowspan="2">0.5</td><td rowspan="2">自车纵向减速度和速度关系曲线</td><td>没有任何一点超出 C1 限值要求</td><td>100%</td><td>—</td></tr>
<tr><td>有任何一点超出 C1 限值要求</td><td>0</td><td>—</td></tr>
<tr><td rowspan="2">纵向减速度变化率</td><td rowspan="2">0.5</td><td rowspan="2">0.5</td><td rowspan="2">自车纵向减速度变化率和速度关系曲线</td><td>没有任何一点超出 C2 限值要求</td><td>100%</td><td>—</td></tr>
<tr><td>有任何一点超出 C2 限值要求</td><td>0</td><td>—</td></tr>
</table>

注 1：触发 AEB 指的是最大减速度超过 6 m/s²；

注 2：C1、C2 的定义详见附录 A。

3.2.4　目标车切出场景评分

目标车切出场景分为第二目标车 TV2 静止场景和第二目标车 TV2 慢行场景，分别对其安全指标和体验指标进行评价，满分为 4 分，目标车切出场景分值详见表 6 和表 7。

(1) 安全指标为自车是否能够识别第二目标车 TV2，是否刹停并避撞或制动并跟行。若自车与目标车发生碰撞，则对应试验工况得 0 分。

(2) 体验指标为自车是否触发 AEB 功能。

表 6　目标车切出场景（第二目标车 TV2 静止）评分表

<table>
<tr><td rowspan="2">评价指标</td><td rowspan="2">工况
得分
评分维度</td><td>40 km/h</td><td>60 km/h</td><td rowspan="2">评价指标</td><td rowspan="2">得分率</td><td rowspan="2">备注</td></tr>
<tr><td>1</td><td>1</td></tr>
<tr><td rowspan="2">安全指标</td><td rowspan="2">碰撞风险</td><td rowspan="2">0.5</td><td rowspan="2">0.5</td><td>自车识别静止目标车 TV2，刹停并避撞</td><td>100%</td><td>—</td></tr>
<tr><td>自车碰撞静止目标车 TV2</td><td>0</td><td>出现此类情况，体验指标得 0 分</td></tr>
<tr><td rowspan="2">体验指标</td><td rowspan="2">AEB 作用情况</td><td rowspan="2">0.5</td><td rowspan="2">0.5</td><td>自车在制动过程中未触发 AEB 功能</td><td>100%</td><td>—</td></tr>
<tr><td>自车在制动过程中触发 AEB 功能</td><td>0</td><td>—</td></tr>
</table>

注：触发 AEB 是指最大减速度超过 6 m/s²。

表 7　目标车切出场景（第二目标车 TV2 慢行）评分表

评价指标	工况 / 得分 / 评分维度	40 km/h	60 km/h	评价指标	得分率	备注
		1	1			
安全指标	碰撞风险	0.5	0.5	自车识别慢行快递三轮车 TV2，制动并跟行	100%	—
				自车碰撞慢行快递三轮车 TV2	0	出现此类情况，体验指标得 0 分
体验指标	AEB 作用情况	0.5	0.5	自车在制动过程中未触发 AEB 功能	100%	—
				自车在制动过程中触发 AEB 功能	0	—

注：触发 AEB 是指最大减速度超过 6 m/s^2。

3.2.5　直道入弯场景评分

直道入弯场景分为弯道中无车场景及弯道中有车场景，分别对其安全指标和体验指标进行评价，满分为 7 分。

（1）直道入弯（弯道中无车）场景的安全指标为自车是否在弯道内行驶；直道入弯（弯道中有车）场景的安全指标为自车是否能够识别弯道中的静止目标车辆，是否刹停并避撞。如表 8 所示。若自车驶出弯道或自车与目标车发生碰撞，则对应试验工况得 0 分。

（2）直道入弯（弯道中无车）场景的体验指标为侧向加速度是否超出限值要求；直道入弯（弯道中有车）场景的体验指标为侧向加速度、纵向减速度、纵向减速度变化率是否超出限值要求，如表 9 所示。

表 8　直道入弯场景安全指标

评价指标		分值	体验指标
直道入弯（弯道中无车）	自车行驶在弯道部分，自车保持车道内行驶至少 5 s	0.5	按表 9 评价
	自车无法保持在车道内，偏离出弯道时，发出接管请求或 LDW 发出偏离预警，接管请求/报警形式包含声音或振动任意一种	0.3	
	自车无法保持在车道内，偏离出弯道时，未发出接管请求且 LDW 未发出偏离预警，或接管请求/报警形式不包含声音和振动	0	
直道入弯（弯道中有车）	自车识别弯道中的静止目标车，刹停并避撞	0.5	按表 9 评价
	自车识别弯道中的静止目标车，减速制动后碰撞目标，或自车未识别弯道中的静止目标车	0	

注：自车偏离出弯道是指自车任意行驶轮穿越任意一侧当前行驶弯道的车道线。

表 9　直道入弯场景体验指标

场景	自车速度/($km \cdot h^{-1}$)	评价指标	分值
直道入弯（弯道中无车）	100	弯道内行驶侧向加速度不超过 2.3 m/s^2	0.5
		弯道内行驶侧向加速度任何一点超过 2.3 m/s^2	0 弯
	110 120	道内行驶侧向加速度不超过 2.0 m/s^2	0.5
		弯道内行驶侧向加速度任何一点超过 2.0 m/s^2	0

续表

场景	自车速度/($km \cdot h^{-1}$)	评价指标		分值
直道入弯（弯道中有车）	60 80	弯道内行驶侧向加速度不超过 2.3 m/s^2		0.5
		弯道内行驶侧向加速度任何一点超过 2.3 m/s^2		0
		自车纵向减速度与速度关系曲线	没有任何一点超出 C1 限值要求	0.5
			有任何一点超出 C1 限值要求	0
		自车纵向减速度变化率与速度关系曲线	没有任何一点超出 C2 限值要求	0.5
			有任何一点超出 C2 限值要求	0

注：C1、C2 的定义详见附录 A。

3.2.6 换道辅助场景评分

换道辅助场景分为盲区无车场景和盲区有车场景，分别对其安全指标和体验指标进行评价，满分为 3 分。

（1）盲区无车场景的安全指标为自车能否正确换道；盲区有车的安全指标为自车能否识别相邻车道目标车辆，能否抑制换道并报警或者自车能否加/减速避让目标车后变道成功。如表 10 所示。若盲区无车场景自车无法正确变道或盲区有车场景自车无法抑制变道且未发出报警，则对应试验工况得 0 分。

（2）盲区无车场景的体验指标为自车在直道行驶执行变道时的侧向加速度和侧向加速度变化率是否超出限值要求；盲区有车场景的体验指标为，若自车可以通过加速/减速避让目标车后变道成功，则其在直道行驶执行变道时的侧向加速度和侧向加速度变化率是否超出限值要求。如表 10 所示。

表 10 换道辅助场景评价表

试验场景	自车车速/($km \cdot h^{-1}$)	目标车车速/($km \cdot h^{-1}$)	评价指标	分值	总分
盲区无车场景	90	—	自车正确换道	0.5	3.0
			在换道执行阶段，自车侧向加速度不大于 1 m/s^2	0.25	
			在换道执行阶段，自车侧向加速度变化率在任意 0.5 s 内平均值不大于 5 m/s	0.25	
盲区有车场景	90	90	自车抑制换道并报警	2.0	
			自车未抑制换道，但发出报警（至少含听觉、触觉中的一种）	1.2	
			自车能够加速/减速避让目标车后变道成功	1.0	
			在换道执行阶段，自车侧向加速度不大于 1 m/s^2	0.5	
			在换道执行阶段，自车侧向加速度变化率在任意 0.5 s 内平均值不大于 5 m/s^3	0.5	

注：变道成功是指自车所有行驶轮驶入相邻车道内。

3.2.7 限速标志响应场景评分

限速标志响应场景对安全指标进行评价，满分为 2 分，如表 11 所示。

安全指标为自车能否准确识别限速标志信息，能否及时发出超速告警。

表 11 限速标志响应安全指标

评价指标		分值	总分
准确识别限速标志信息	准确识别 80 km/h 的普通限速牌，系统应不晚于车头所在平面通过限速标识所在平面 2 s前（包括通过限速标志前）显示当前道路限速信息	0.6	2.0
	准确识别 100 km/h 的 LED 电子限速牌，系统应不晚于车头所在平面通过限速标识所在平面 2 s 前（包括通过限速标志前）内显示当前道路限速信息	0.4	
发出超速告警	自车通过 80 km/h 限速牌时，车头所在平面通过限速标识所在平面 1.5 s 前（包括通过限速标志前）应向驾驶员发出告警，报警信号应采用声学、触觉及光学信号的其中两种	1.0	
	自车通过 80 km/h 限速牌时，车头所在平面通过限速标识所在平面 1.5 s 前（包括通过限速标志前）应向驾驶员发出告警，报警信号应采用声学、触觉及光学信号的其中一种	0.5	
	自车通过 80 km/h 限速牌时未发出任何告警信息	0	

3.3 关联功能评分

关联功能评价包括抬头显示、C-V2X 功能、驾驶员监控 3 项，评分细则如表 12 所示。

表 12 关联功能评分表

评价指标		分值	总分
抬头显示	将智能行车辅助相关信息显示在驾驶员正常驾驶时的视野范围内，使驾驶员不必低头就可以看到	0.5	2.0
C-V2X 功能	实现车车通信或车与基础设施之间的通信功能	0.5	
驾驶员监控	实现对驾驶员状态的实时监控，并在驾驶员处于疲劳驾驶、驾驶分心、危险动作等状态时实时提醒	1.0	

3.4 用户手册审查评分

用户手册审查评分细则如表 13 所示。

表 13 用户手册审查评分表

审查内容	评价指标	得分	总分
智能行车辅助系统定义	定义是否明确	0.25	1.0
驾驶员责任描述	描述是否明确	0.25	
L2 智能行车辅助功能使用条件描述	是否明确	0.25	
L2 智能行车辅助功能局限性描述（警告信息）	是否明确	0.25	

附录A
自车减速度及减速度变化率要求

A.1 自车减速度C1限值要求

当自车车速大于72 km/h时，减速度不应超过3.5 m/s^2；当自车车速小于18 km/h时，减速度不应超过5 m/s^2；当自车车速为18 km/h至72 km/h之间时，减速度线性变化，如图A.1所示。

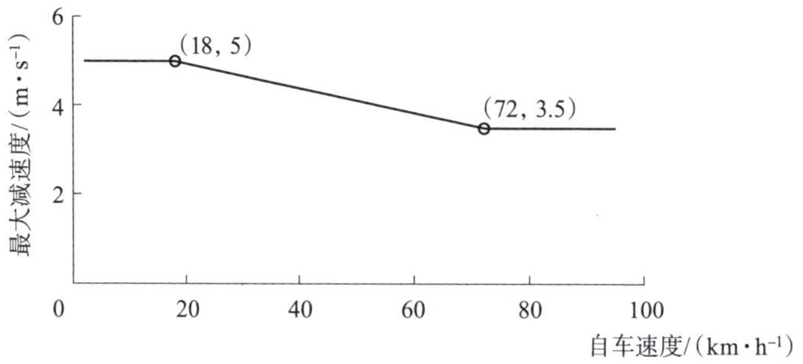

图A.1 自车减速度限值要求

A.2 自车减速度变化率C2限值要求

当自车车速大于72 km/h时，减速度变化率不应超过2.5 m/s^3；当自车车速小于18 km/h时，减速度变化率不应超过5 m/s^3；当自车车速为18 km/h至72 km/h之间，减速度变化率线性变化，如图A.2所示。

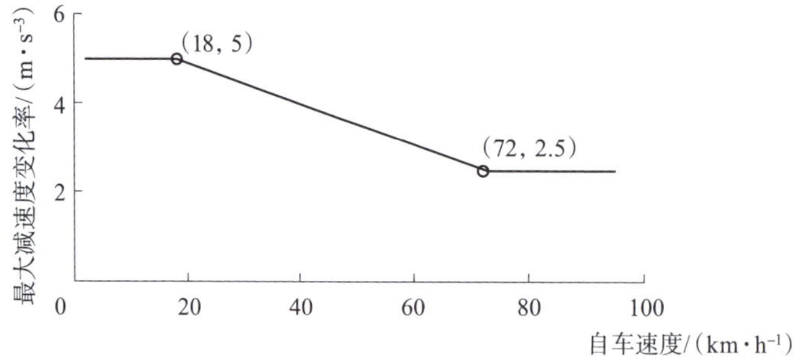

图A.2 自车减速度变化率限值要求

附 录 四

C-IASI

中 国 保 险 汽 车 安 全 指 数 规 程

编号：CIASI-SM. VA. C2CR-C0

第 4 部分：车辆辅助安全指数车对车自动紧急制动系统评价规程

Part 4：Vehicle Assistant Safety Index AEB Car-to-Car System Rating Protocol

（2023 版）

中国汽车工程研究院股份有限公司
中保研汽车技术研究院有限公司 发布

目　　次

前　言

在保险行业车型风险研究的基础上，为进一步提升我国汽车产品的安全属性，满足消费者多样化的出行需求，引导汽车产品更好地服务于消费者并创造多元开放的汽车文化，在中国保险行业协会的指导下，中保研汽车技术研究院有限公司和中国汽车工程研究院股份有限公司，充分研究并借鉴国际先进经验，结合中国道路交通安全状况和汽车市场现状，经过多轮论证，形成了中国保险汽车安全指数（简称 C-IASI）测试评价体系。

中国保险汽车安全指数（C-IASI）从消费者立场出发，秉承“服务社会，促进安全”的理念，坚持“零伤亡”愿景，从汽车保险视角，围绕交通事故中“车损”和“人伤”，开展耐撞性与维修经济性、车内乘员安全、车外行人安全和车辆辅助安全四项指数的测试和评价，最终评价结果以直观的等级（优秀+（G+）、优秀（G）、良好（A）、一般（M））和较差（P）的形式对外发布，为车险保费厘定、汽车安全研发、消费者购车用车提供数据参考，积极助推车辆安全技术成果与汽车保险的融汇应用，有效促进中国汽车安全水平整体提高和商业车险健康持续发展，更加系统全面地为消费者、汽车行业及保险行业服务。

车对车自动紧急制动系统（AEB Car-to-Car）评价规程为车辆辅助安全指数的一个规程，本文件在 2020 版规程的基础上进行修订，主要从 FCW 功能、AEB 功能和高级辅助功能三个部分进行评价。中国保险行业协会、中保研汽车技术研究院有限公司、中国汽车工程研究院股份有限公司三方保留对中国保险汽车安全指数（C-IASI）的全部权利。未经三方同时授权，除企业自行进行技术开发的试验外，不允许其他机构使用中国保险汽车安全指数（C-IASI）规程对汽车产品进行公开性或商业目的的试验或评价。随着中国道路交通安全、汽车保险以及车辆安全技术水平的不断发展和相关标准的不断更新，三方同时保留对试验项目和评价方法进行变更升级的权利。

车对车自动紧急制动系统评价规程

1 范围

本规程规定了车对车自动紧急制动（AEB Car-to-Car）系统的评价方法。

2 规范性引用文件

下列文件中的内容通过文中的规范性引用而构成本文件必不可少的条款。其中，注日期的引用文件，仅该日期的版本适用于本规程。不注日期的引用文件，其最新版本（包括所有的修改单）适用于本规程。

GB/T 15089—2001 机动车辆及挂车分类

GB/T 33577—2017 智能运输系统 车辆前向碰撞预警系统 性能要求和测试规程

GB/T 39263—2020 道路车辆 先进驾驶辅助术语及定义

GB/T 39901—2021 乘用车自动紧急制动系统（AEBS）性能要求及试验方法

IIHS 自动紧急制动系统测评规程（Autonomous Emergency Braking Test Protocol）

IIHS 前向碰撞预警与自动紧急制动评价指南（Rating Guidelines for Forward Collision Warning and Autonomous Emergency Braking）

NHTSA 前向碰撞预警系统验证试验（Forward Collision Warning System Confirmation Test）

3 评价方法

3.1 概述

车对车自动紧急制动系统（AEB Car-to-Car）测评总分 44 分，其中 FCW 功能试验 2 分、AEB 功能试验 38 分、高级辅助功能验证试验 4 分，如表 1 所示。

表 1 AEB Car-to-Car 总体评分表

项目	试验场景	主车车速/（km·h⁻¹）	目标车车速/（km·h⁻¹）	评价指标	分值	总分
FCW 功能试验	乘用车、卡车目标车静止	72	0	报警时刻 2.1 s≤TTC	1	2
	目标车低速	80	20	报警时刻 2.0 s≤TTC	1	

续表

项目	试验场景	主车车速/($km \cdot h^{-1}$)	目标车车速/($km \cdot h^{-1}$)	评价指标	分值	总分
AEB 功能试验	乘用车目标车静止	30	0	避免或减轻碰撞	3	38
		40	0		4	
		50	0		5	
	卡车目标车静止	45	0		1.5	
		50	0		2	
		55	0		2.5	
		60	0		3	
	目标车低速	60	20		4	
		70	20		5	
		80	20		6	
	主车转弯-目标车对向直行	15	20	避撞	2	
高级辅助驾驶功能验证试验	FCW 辅助报警形式	80	20	安全带振动或其他触觉形式的报警	1	4
	主动式安全带预警功能	80	20	具有自动预紧功能且预紧时刻合理	1	
	紧急转向避撞功能	—	—	根据车辆制造商提供的验证方案进行验证并通过	1	
	V2X 功能	—	—	根据车辆制造商提供的验证方案进行验证并通过	1	

注：表 1 中未注明目标车种类的均为乘用车目标车。

3.2 FCW 功能评价

（1）针对 FCW 功能试验，若结果满足表 1 评价指标的要求，则该对应试验工况得分（其中目标车静止场景，乘用车和卡车目标车静止工况均需满足评价要求，则得 1 分）；

（2）若被测车辆未搭载 FCW 功能，则 FCW 功能试验不得分。

3.3 AEB 功能评价

3.3.1 根据主车车速 V_1 和碰撞时速度 V_2 计算制动减速量 V_3，按表 2 或表 3 规则确定对应试验工况的得分。

（1）AEB 激活前 0.1 s 时主车速度记为 V_1，其中纵向减速度达到 0.5 m/s^2 认为 AEB 已经激活；若主车具备点刹功能，则点刹激活前 0.1 s 时主车速度记为 V_1。

（2）主车最前端接触目标车车尾时的主车速度记为 V_2。目标车静止工况，如果两车未发生碰撞，则 $V_2=0$；目标车低速工况，如果两车未发生碰撞，则 V_2 与目标车车速相同。

（3）制动减速量 $V_3=V_1-V_2$。

表 2　AEB 功能车对乘用车试验评分规则

制动减速量/($km \cdot h^{-1}$)	$V_3<8$	$8 \leqslant V_3<16$	$16 \leqslant V_3<26$	$26 \leqslant V_3<36$	$36 \leqslant V_3<46$	$46 \leqslant V_3<56$	$56 \leqslant V_3$
分值	0	1	2	3	4	5	6

表 3　AEB 功能车对卡车试验评分规则

制动减速量/($km \cdot h^{-1}$)	$V_3<31$	$31 \leqslant V_3<36$	$36 \leqslant V_3<41$	$41 \leqslant V_3<46$	$46 \leqslant V_3<51$	$51 \leqslant V_3<56$	$56 \leqslant V_3$
分值	0	0.5	1	1.5	2	2.5	3

3.3.2　针对主车左转-目标车对向直行场景，若主车与目标车未发生碰撞，则得 2 分；若发生碰撞，则不得分。

3.4　高级辅助功能评价

（1）主车除基本的听觉报警形式之外，FCW 具备其他任一辅助报警形式（抬头显示、方向盘振动、安全带振动、点刹或其他触觉形式的报警），则得 1 分。

（2）主车具有主动式安全带预警功能（要求可重复使用），则得 1 分。

（3）主车具有 AES 或 ESA 功能，根据车辆制造商提供的验证方案进行验证，且能够证明功能有效，则得 1 分。

（4）主车具有 V2X 功能，根据车辆制造商提供的验证方案进行验证，且能够证明功能有效，则得 1 分。

参考文献

[1] 赵宇. 智能汽车传感器应用与检测［M］. 北京：北京理工大学出版社，2021.
[2] 陈慧岩. 无人驾驶汽车概论［M］. 北京：北京理工大学出版社，2015.
[3] 崔胜民. 智能网联汽车概论［M］. 北京：人民邮电出版社，2016.
[4] 罗杨坤. 智能网联汽车智能传感器安装与调试［M］. 北京：机械工业出版社，2022.
[5] 徐科军. 传感器与检车技术［M］. 北京：电子工业出版社，2021.
[6] 吴伶琳. 软件测试技术任务驱动式教程［M］. 北京：北京理工大学出版社，2017.
[7] 梁军. 基于 PreScan 的车辆主动安全应用技术［M］. 北京：人民交通出版社，2018.
[8] 李刚. 智能网联汽车技术基础［M］. 北京：机械工业出版社，2024.